爆料篇

〔日〕**新宅广二** / 著

〔日〕**Ishidakou** / 绘

张小蜂 / 译

进化失败的
动物

中国出版集团　现代出版社

这样拉
不好吗？
这不挺好的嘛！

前言

你有没有过这样的疑问：野生动物真正的能力是什么？它们在思考什么呢？

我们从动物图鉴中看到的关于描述动物大小和寿命的信息，都是通过人们在动物园或水族馆中的动物饲养过程而得来的。但仅凭这些数字以及它们栖息地、食物等的信息并不能真正向我们传达动物真实的样子以及它独特的魅力。

实际上，动物园中饲养的动物无论是体形还是寿命都要大于野生的个体，这时就产生了各种谜团。图册中记录的动物奔跑和游泳的最高时速、咬合力、扭合力等数字，是否能真实体现动物们的实力？我们并不清楚。

因此，我将自己在动物园工作时、大学做研究时，以及在国内外做野外调查和狩猎时见到的一些逸闻汇总于此，这些可能在

我活出了自己，
你也一样！

一般的教科书或图鉴中是见不到的。

特别要说明的是，与《进化失败的动物 爆笑篇》一样，本书并不讲动物那些特别的优点，而是会讲一些我认为的它们自身的弱点、欠缺之处或癖好等，以"失败"的角度来介绍。

这与我们平时跟朋友交往一样，即使看到了彼此间的缺点也能相互包容，一笑而过。当我们接触到动物们这些"失败"的特性后，也能缩短我们内心与动物间的距离。这并不是让我们单纯地去挑对方的缺点，而是把这些缺点或弱点当成对方特有的魅力所在。能够利用这种魔法般的方法与彼此相互接近的动物，也只有人类了吧。我坚信，无论是对动物，还是对人，用这种方式去建立彼此的关系，世界也会因此而变得更加宽广。

新宅广二

目录

第1章 你们的行为可不礼貌哦! 行为篇

老虎 在标记领地的时候会拉出一点儿粪便 18

大熊猫 动物世界中行为举止最随意的动物 20

赤大袋鼠 应对中暑的策略是涂口水 22

家鸡 常常在无意中以下犯上 23

黑斑侧褶蛙 用眼球吃饭 24

虾蛄 视力超好,擅长搞破坏 25

薮猫 吃饱了之后看到猎物还是会出手 26

北极熊 太热的时候会用肚子贴着地面走路 27

棕熊 为了标记领地用后背在树上蹭来蹭去,像是在挠痒痒 28

亚洲黑熊 喜欢没事儿的时候剥树皮 29

鬣狗 从屁股开始享用美餐 30

树懒 死后也会一直倒挂在树上 32

簇海鹦 舌头很灵活,但飞行能力却很逊色 34

红颊獴 本来应该成为救世主,但却成了逃犯 35

泥鳅 如果不放屁就没法呼吸 36

猕猴 用牙线来刷牙 37

家燕 无论是相亲还是建新居都喜欢偷懒 38

海鸥 喂食的画面就像自动贩卖机 39

阿德利企鹅 筑巢的时候喜欢偷石子 40

象海豹 发怒时就像一台暴走的卡车 42

龟甲 幼虫会用摇摆粘在屁屁上便便的行为来防身 43

河马 用搅拌便便制造"烟雾"的方式来隐藏自己 44

雄性大象 为了吸引雌性会滴尿 45

蓑蛾 雌性是一生都会待在蓑衣中的"害羞女孩" 46

乌鸫 通过特殊的声音来引诱别的鸟,却总是失败 47

耶气步甲 它可以放出 100℃高温的屁 48

鼠兔 总偷同伴的储备粮食 49

窃蠹 为了和雌性搭讪,它会一直用脑袋敲木头 50

动物园的秘密 内部消息 52

新宅老师的《失败动物 Q&A》 睡眠篇 56

第2章 神乎其神! 动物为什么会住在那里?分布篇

河狸 经常因为过于集中而被大树压死 58

非洲牛蛙 无法忍受干热的草原,大半生都在睡眠中度过 60

加岛环企鹅 虽然进化出了超强的耐寒能力,
但在南方却濒临灭绝 61

平流层的细菌 不小心飘上来后就再也回不到地面了 62

蓝鳃太阳鱼 本身是一种高贵的动物,却被当成罪犯 63

狮尾狒 恐惧天敌而睡在比天敌还危险的悬崖上 64

雪溪石蝇 只能生活在 -10℃ ~10℃之间 65

淡红墨头鱼 没有医师许可证一样被称为"医生" 66

蓑羽鹤 能飞越世界最高峰 67

湍鸭 固执地生活在世界上最危险的激流中 68

白颊黑雁 雏鸟能够从 120 米高的地方跳下来 69

大黑雨燕 巢建在瀑布里,每次飞起来都会弄湿身体 70

新种巨蟹蛛 没有了蜗牛就活不下去 71

眼斑双锯鱼　躲在剧毒的海葵中却仍能被大鱼轻易吃掉　72

沫蝉　如果没有泡泡浴就待不住了　73

海牛　相比自然环境，更喜欢发电厂　74

北极狐　换毛的时候像个寒酸的流浪汉　75

纳米比亚变色龙　应对中暑的方式是变换身体的颜色，
　　　　　　　　却更容易被天敌发现　76

麝牛　为了应对严寒而演化，却因为地球变暖而濒临灭绝　77

红火蚁　在遭遇洪水时会组成竹筏阵形，位于"船底"
　　　　的会被淹死　78

游隼　天上的猎豹　80

藤壶　动物界中最宅的家伙，怎么还能到世界各地旅行？　81

丽金龟　长得好看，但因为与人类争夺食物而被嫌弃　82

喜蛾　帅气的胶囊并不是自己的身体　83

拟柄突和平水母　在水族馆中偶然被发现，
　　　　　　　　从来没人在大海中见过　84

婆罗洲姬蛙　在食虫植物中产卵育儿　85

勇士的秘密　动物英雄传　86

新宅老师的《失败动物 Q&A》 说谎篇　90

第 3 章　独特的饮食习惯! 真的很好吃吗?　食物篇

章鱼　足部被袭击断了之后可以再生，
　　　但被自己咬断却无法再生　92

长颈鹿　动物界中最大的呕吐动物　94

食蟹海豹　实际上并不爱吃螃蟹　95

眼镜蛇　吃掉最喜欢的鸟蛋后又会把它吐出来　96

耐金属贪铜菌　以自然界中最毒的东西为食，拉出纯金
　　　　　　　的便便　98

泰坦尼克盐单胞菌　是一种可以吃铁的细菌　99

银板鱼　把男人的蛋蛋误当成果实咬　100

琉球钝头蛇　只能吃右旋蜗牛　101

切叶蚁　很弱小，会种蘑菇　102

蓝鲸　每天要摄取的热量相当于人的 750 倍　103

狼崽　断奶后的第一餐是妈妈的呕吐物　104

野猪　就连有剧毒的乌头都能当成美食吃掉　105

尖嘴地雀　竟然偷偷地喝鲜血　106

火烈鸟　喂养后代时身体颜色会慢慢变白　107

蝙蝠　怎么演化也打败不了蛾子　108

棱皮龟　由于误将塑料袋当水母吞食，濒临灭绝　110

美洲花鼠　冬眠时会偷偷地吃夜宵　111

皮蠹　在人类家庭中惹人厌烦　112

独角仙　幼虫最喜欢便便　113

动物园的秘密　内部消息　114

新宅老师的《失败动物 Q&A》 生死篇　118

第 4 章　好怪异! 虽然不怎么帅吧…… 形态篇

华丽琴鸟　会模仿各种声音　120

秦岭羚牛　身上闪耀着金黄色，摸起来却都是黏糊糊的油脂　121

猩猩　对自己的床非常讲究　122

树袋熊　育儿袋朝下，宝宝露出脑袋像拉屁屁　124

狮子　雄狮见到雌狮会露出妩媚的笑容　125

大帛斑蝶　它的蛹金光闪闪，但成虫却像旧报纸一样朴素　126

凤蝶　幼虫为了躲避小鸟模仿成便便的样子　127

响尾蛇　"响尾"是蜕皮后的旧皮　128

小熊猫　便便是彩色的　129

美洲野牛　把尿液涂在身上，以展现自己的男子气概　130

驼鹿　雄性的夸张大角可以用来吸引雌性　131

非洲水牛　它和牛椋鸟哪里是共生，明明是乱来　132

卷甲虫　身体圆溜溜，但便便是方形的　134

黑帽悬猴　为了打喷嚏常常用小树枝　135

斗鱼　通过打嗝儿来做婴儿床　136

土豚　夜行性动物，白天就像死了一样一动不动　137

旅鼠　不小心从悬崖上跌落造成集体死亡　138

猎豹　狩猎之后肚子吃得超鼓　139

雪豹　细看有点儿丑　140

柴犬　尾巴退化后，屁屁暴露在外　141

胡狼　是职业杀手却也是个育儿小帮手　142

非洲野犬　姐妹们为了抚养后代而相互争抢宝宝　143

鬃狼　是个喜欢吃水果的甜食党　144

臭鼬　臭味对天敌无效　145

海胆　没有血液，没有眼睛，也没有大脑　146

海象　阴茎骨是人类的武器　147

犀牛　用把便便堆成小山的方式来标记领地　148

原驼　首领会咬情敌的蛋蛋　150

骆驼　雄性最终的决战方式是做鬼脸　　　　　　　151

动物的真假死亡　　　　　　　　　　　　　　　152

新宅老师的《失败动物 Q&A》 欢笑篇　　　　　156

第5章　世事无常! 太可怜了 社会篇

蜜蜂　在搬家时会突然变成肉食者　　　　　　　158

穹蛛　用自己的身体喂养幼虫　　　　　　　　　160

彩虹锹甲　兴奋过头时会把求偶对象抛出去　　　161

细尾獴　把育儿的工作推给女儿　　　　　　　　162

彩鹬　漂亮的雌性是喜欢捉弄雄性的坏女人　　　164

葬甲　有的非常疼爱子女，有的却会将它们遗弃　165

鸵鸟　雌性中具有严格的等级制度　　　　　　　166

日本猕猴　经常毫无理由地吵架　　　　　　　　167

寒羊　尾巴太大了，没有平板车都没法动身　　　168

鲸头鹳　一窝生两只，只选择最强壮的那只抚养　169

黄猄蚁　擅长 DIY，用幼虫来做黏着剂　　　　　170

食蚁兽　利用蚂蚁来吃蚂蚁　　　　　　　　　　171

蝼蛄　幻想自己是鼹鼠却被鼹鼠吃掉　　　　　　172

白头海雕　在空中的冒险行为只为确定爱　　　　173

水蝇　是生活在盐湖旁的鸟的净水器　　　　　　174

草原犬鼠　背负着 "牛之杀手" 的怪名　　　　　175

人　肛门是动物界中最松缓的，容易被便便弄脏　176

失败动物排名　　　　　　　　　　　　　　　　178

失败的掩饰术　　　　　　　　　　　　　　　　182

虽然也有想吐槽的地方……
但我们还是先围绕着生命的诞生与遗传之谜来说吧！

失败的进化论

6000年前

是上帝创造了生命吗？

001

从古至今，人们一直认为生命是由上帝创造的，整个世界是由三只巨大的蛇、龟和大象支撑着。

不同时代的不同学者对于生命的起源有着不同的学说。以现在的视角再看，很多学说甚至有些可笑，不过当时的人们却很相信。让我们来看一看这充斥着各种失败进化论的历史吧。

龟？

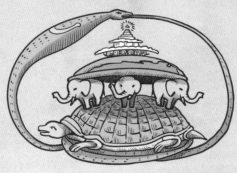

泥。

《圣经·旧约》中记载着最初的人类是上帝用泥巴制作的两个泥人——亚当和夏娃。

用泥巴来创造生物？太厉害了！

敷尻博士

助手新吉

创造生命的是上帝吗？

蚯蚓变成了鳗鱼?

蚯蚓

鳗鱼

从土中降生的蚯蚓变成了鳗鱼

好棒的灵感!

2400年前

从自然中产生的新生物!

古希腊哲学家亚里士多德提出"即使没有父母,生命也可以产生"的学说,例如蚯蚓虽然出生在土壤中,但随着生长就变成了鳗鱼。这种"自然发生说"在随后的2000年间都没有被人推翻。

不过,生命的诞生确实没有靠上帝的帮忙,是不是的确很厉害呢?

啊!从土中诞生的蚯蚓居然能变成鳗鱼?

自然发生说

是一种从无到有的学说,后来被密闭的容器实验否定。

为什么我们和父母这么相似？……想象学说的说法有点儿勉强

关于后代与父母很相似这件事，产生了许多学说。人们甚至相信了"精子中跑进了跟父母一个样子的小孩"这种说法，很长一段时间内，人们都仅仅通过想象来解释生命的诞生和遗传。

好厉害！人们在出生之前就被雕刻上了模样吗？

这个说法不就是像俄罗斯套娃嘛，不过也不可能无限地变小啊！

精子中有 小孩子？

这种说法有点儿勉强啊

先成说

发明显微镜之前，人们一直相信精子中被注入了和父母一个模样的小孩。

显微镜作为一种有趣的东西出现了……

哈哈哈~
找到啦！

你在干什么呢？

350
年前

科学史上最重要的发明

显微镜！终于出现了……

004

1590 年，荷兰的詹森父子发明了显微镜，人们可以通过显微镜一窥微观世界。不过，显微镜最初亮相于市场上并不是作为实验工具，而是作为一种有趣的商品被出售。在这之后，经过了 70 多年，在 1665 年，人们才搞清楚生物是由细胞构成的。

这么重要的世纪大发明居然只被当作一种有趣的商品，真是遗憾啊！

詹森父子本身就是专门制作眼镜的，看来在眼镜店工作真是一份好差事呢！

细胞说
19 世纪有人认为"构成生命的最小单位是细胞"，而在这之后，更小的细胞器就被发现了。

1859 年，英国生物学家查尔斯·达尔文发表《物种起源》，认为生物是在自然选择下产生的，适者生存，即"进化论"。这种说法与之前人们认为的万物是由上帝所创造的说法毫无关联，因此受到广泛批判。

当时的人们已经隐约感觉到了自己并不是什么亚当和夏娃的子孙。

嗯~要是再努力一点儿是不是脖子就能变得更长啦？

**达尔文进化论
——自然选择说**

并不认同旧说中"经常使用的部位就会更加进化"的说法，而是认为在进化过程中会产生许多突变，这些突变中，只有对环境更适应的那些方面才能被遗传保留下来。

否定了神创论，
在世界上引起大轰动！

绝

对

的

大轰动！

真是服了你们……

阐明了后代与父母相似是由于遗传的规律

1865 年，修道士孟德尔仅仅通过观察花的颜色差异，就用数字证明了遗传规律。这在"遗传基因"理论前是划时代的发现。

不过，当时的人们并不太理解数学，对孟德尔的发现置之不理。直到 35 年后这个发现才被人们再度发现和评论，因此人们将此规律称为"孟德尔定律"。

孟德尔遗传规律

通过子代全部是紫花，但孙代有一定的概率出现白花来解释遗传的规律。

现在的教科书中都会写到的有名学说，对当时的人来说却是难以理解的，真是令人悲伤的伟大功绩啊。

孟德尔简直是修道士中的天才。我也常被人说长得像奶奶。

对每个人来说……都是莫名其妙难以理解的

由于人们无法理解数学，孟德尔的学说被搁置了35年……

现在

之后人们发现了遗传基因，生命的谜团更深了

007

人们通过电子显微镜收集照片来了解分子世界，最终发现了遗传基因——DNA。接着，克隆动物等新技术的出现标志着人为操作遗传基因的时代到来了。可是，直到现在人们还没有解开究竟是什么创造了生命这个终极问题。

人类现在还不能从零开始直接创造出一个生命，关于生命的诞生和进化，仍有许多谜团没有解开。

这样看来，遗传基因就是生命的设计图了。不过，现在的这种学说在1000年后会不会也被推翻否定呢？

原来，这才是最神秘的地方

关于生物进化的学说仍有许多不够完善的地方。我们在看到这些动物的一些奇怪的生活方式时，会不由自主地发出感叹："真的是这样吗？"以自己的角度去思考一下进化学说吧！

深入解开遗传基因的谜团，才刚刚开始！

16

第 **1** 章

你们的行为
可不礼貌哦!

行为篇

这里汇集了一些行为举止上不怎么礼貌的家伙，没什么教养哦。

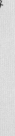

好讨厌啊!

老虎
在标记领地的时候会拉出一点儿粪便

老虎与狮子并列为地球上最强的食肉动物，自古以来老虎因其头上"王"字花纹与强壮的躯体而被流传为强者的象征。即使在没有老虎和狮子分布的日本，也受到了国外传闻的影响，很多人将它们画在屏风上以表达想成为强者之愿。

老虎和狮子都是猫科动物，体形相当，普通人很难从没有皮毛的骨骼标本中区分开。其实，它们有着极大的生活习性及行为差异。

狮子是猫科动物中唯一群居的种类，而老虎和其他猫科动物一样喜欢独居，即使狩猎和寻找配偶时也如此。

正因如此，每只老虎都有自己的领地，它们用猫科动物特有的喷尿方式或在树木上刻爪痕的行为来宣示自己的领地，有时还会通过

动物·小·剧场

喜欢冷水浴的老虎

1

你们的行为可不礼貌哦!

粪便来标记。只不过,老虎便便的量与次数很少,它们很珍惜这些便便,因此每次标记领地时只挤出一点点。最强食肉动物老虎这么吝啬便便的行为,也是挺有趣的呢。

虽然气势庞大,但竟被人说拉便便很吝啬。不过,老虎不发威,你当我是Hello Kitty啊!

By 老虎

19

大熊猫
动物世界中行为举止最随意的动物

警戒心是什么?

野生动物平时必须随时保持警惕,否则一不小心就会被天敌夺走性命。因此许多动物在休息的时候也会像武士一样时刻提防着别人,把要害部位少的背部朝上,头也向上抬起,对着天敌可能来袭的方向。它们即使睡着了眼睛也会微微张开,耳朵时刻保持灵敏,这样即便在受到突然袭击时也能保证马上跃起参与战斗或夺路而逃。

可是,大熊猫是怎么做的呢?时常臀部大开、肚子朝上,四肢伸开像个"大"字一样睡觉。它的腹部软塌塌的,没有保护内脏的坚硬骨骼,如果被攻击基本会一击致命。大熊猫对于自己的要害之处毫无戒备,还常常长时间贪睡。虽然说"能睡的孩子长得快",但这么能睡的大熊猫还是濒临灭绝了。

口技达人大熊猫篇

你们的行为可不礼貌哦!

大熊猫

特点 竹子变成便便需要 6 小时

害怕 受不了夏天的炎热

喜好 黑白两色的搭配

　　大熊猫的这种睡相和它的栖息地息息相关。它们生活在海拔4000 米的高山上,几乎没有什么竞争对手和天敌,所以才能如此毫无戒备之心。因此,无论是吃饭、睡觉还是照顾幼崽,行为举止永远都这么无所谓。

 啊~假期到啦!电视遥控器放哪儿了? By 大熊猫

赤大袋鼠
应对中暑的策略是涂口水

中暑就用口水解决！

中暑对于许多动物来说是非常严重的问题。过于寒冷并不会立即致死，但中暑则很可能导致它们短时间内死亡。用来抵御严寒的皮毛在面对酷热时反倒成了动物们的敌人。人类没有导致闷热不散的密集体毛，汗液的蒸发还能带走许多热量而降低体温，算是最耐热的动物。相比汗水，用冷水是一种更能急速降温的方法。

生活在炎热地区澳大利亚的赤大袋鼠演化出了独特的方式来应对酷暑——口水。通常它会舔舐自己的手腕，将自己的口水涂抹上去，以代替汗的作用来进行降温。不过，相比整个身体来讲，这一小块儿面积的效果如何还是个问题。

 人类真好，能自己排汗。 By 赤大袋鼠

家鸡
常常在无意中以下犯上

麻烦了，搞错了！居然惹了最强的老大……

咚 咚！

家鸡是从野生原鸡驯化而来的。作为一种雉鸡，家鸡也具有暴躁的性情。当几只雄性家鸡聚在一起时，最强的那只就会不断地攻击位于第 2 强的雄性，而第 2 位则会攻击第 3 位。

通过这样向下欺凌的行为可以建立起严密的等级关系。

不过，当雄性数量过多，超过 10 只以上的时候，它们就记不清彼此间的地位关系了，常常发生处于最底层的雄性去挑衅最高级雄性的事情。这就导致了这种等级关系产生破裂，像多米诺骨牌一样彼此间争斗得停不下来……

 走了 3 步就忘了该走第几步了。　By 家鸡

黑斑侧褶蛙

用眼球吃饭

大家也这么咽东西吗?

黑斑侧褶蛙

特点 舌头捕食需 0.7 秒

害怕 没法吃掉比嘴巴大的东西

喜好 喜欢待在纯绿色的地方

以黑斑侧褶蛙为首的蛙类属于两栖动物。它们不能保持体温恒定,因此不能进行连续的高强度活动,就连捕食也要采取守株待兔的方式,等待虫子跑到嘴边,然后伸舌头捕捉。

不过,蛙类的喉咙和舌头上的构造很特别,不能通过吞咽的方式将食物咽下,因此它们要用眼球来咽东西。捕到食物的青蛙眼球下陷,表现出一副痛苦的样子,实际上它是在用眼球将食物压向喉咙深处。

黑斑侧褶蛙一动不动地等着食物送到嘴边,然后伸出舌头吃到嘴中,再用眼珠子将食物咽下的样子就像是高高在上的老爷一样,看起来很有威严啊!

 我的坐姿看起来很威严,所以被称为老爷。 By 黑斑侧褶蛙

虾蛄
视力超好，擅长搞破坏

这个家伙，打飞它！
还有没有什么能让
我打飞的东西？

啪啪！
打飞它！

小档案

虾蛄

特点 攻击速度 0.1 秒

害怕 寿司店老板

喜好 12 种原色、圆振光

在寿司界很有人气的虾蛄们，与一般的虾蟹拥有的钳子不同，而是有着一对像螳螂般的捕捉足。虾蛄可以用捕捉足敲击的方式击打猎物，这种敲击力极强，就连拥有厚重外壳的蛤蜊也不在话下。如果以身体比例来比较武器的战斗力，虾蛄的战斗力是动物界中最强的。除此之外，虾蛄还有着比人类高出 10 倍的色彩识别能力，还能看到圆振光等特殊光线。

拥有这么多超凡能力的虾蛄唯一的缺点是性情暴躁，对出现在眼前的任何东西都想去击打一下，就连水族缸中映出的自己的影像也被它当成敌人来攻击，以至于经常把水族缸敲坏，真是"久负盛名"的破坏王。

 视觉进化得很厉害，但大脑还没跟上……

By 虾蛄

薮猫

吃饱了之后看到猎物还是会出手

嗯~

啊呀，总是改不了这种臭毛病……

小档案

薮猫

特点 跳起在空中能悬停 4 秒

害怕 烦人的鬣狗

喜好 漂亮的豹纹

猫科动物都是猎手，许多种类都拥有优秀的运动能力以及协调的身体比例。其中，生活在非洲稀树草原的薮猫拥有跟身体相比最长的四肢。

薮猫只比家猫大一圈左右，后足的力量十分强大，垂直跳跃能达 2 米以上，横向跳跃能够超过 4 米。如此惊艳的跳跃力让它可以轻松地从空中捕捉到从草丛中飞出来的小鸟。

另外，薮猫有个癖好就是见到什么都要伸手去捉，就算它吃饱了甚至睡觉的时候也不闲着，这导致它经常在追逐猎物的过程中被天敌鬣狗发现。

人手不足的时候请联系我。

By 薮猫

北极熊

太热的时候会用肚子贴着地面走路

> 我可不是倒下的北极熊哟。

作为陆地上最大的食肉动物，北极熊的体重接近 800 公斤，体长可达 3 米。其他熊类的食谱中植物果实占较高比例，而北极熊却几乎是纯肉食动物，主要靠猎取海豹为食，毕竟在零下 40℃ 的冰天雪地中寻找植物还是比较困难的。北极熊主要在冰面上进行狩猎，所以冬天是它们容易获得食物的季节。

但到了夏天，冰面减少，北极熊由于游泳速度上拼不过海豹，体重因经常吃不上饭而暴减。而它那层能够抵御零下 40℃ 严寒的皮毛，在气温接近 0℃ 的时候就会出现中暑反应，所以常常看到它们精神萎靡地把肚子贴在地上爬行，这实际上是为了给身体降温。

小档案

北极熊

特点 可以连续 6 个月不进食

害怕 讨厌没有冰的夏天

喜好 雪白

 我有乘着浮冰漂到北海道的纪录哟。

By 北极熊

27

棕熊

为了标记领地用后背在树上蹭来蹭去，像是在挠痒痒

挠挠后背。

棕熊广泛分布在北半球的寒冷地区，是能与北极熊相匹敌的大型食肉动物。对于人类来说，棕熊是非常恐怖的，因为棕熊食人事件时有发生。

棕熊在熊类中是脾气最暴躁的，它性情极不稳定，一点点的风吹草动都能引起它突然的骚动发狂，有时会对同类或家庭成员发动袭击。

它们用下蹲的方式将后背在树木上蹭来蹭去，留下气味和毛发，用以在自己划定的森林范围内涂上类似"禁止入内"的标记。当我们看到棕熊在树上蹭来蹭去的滑稽样子，就会把它那暴君的形象忘得一干二净。

 挠痒痒会让心情变得愉悦，还可以尽情地尿尿。 By 棕熊

亚洲黑熊

喜欢没事儿的时候剥树皮

控制不住这种感觉啊~

熊科动物的种类虽然不多，但在日本狭长的国土中分布着两种珍稀的熊科动物。亚洲黑熊的特点是胸口有一个月牙形的白纹，它们生活在日本本州各地，就连东京这样的大城市也有野生亚洲黑熊的踪迹。

亚洲黑熊也有让人觉得不可思议的癖好——剥树皮，它们经常把杉树或柏树的树皮像剥香蕉皮一样地剥下来。这种行为在食物丰富的夏天尤为常见，看起来这应该不是饿着肚子才会做的一种行为。

这种没有任何目的就去剥树皮的恶癖让许多树木枯萎死去，结果这让亚洲黑熊本身居住的森林树木数量也减少了，亚洲黑熊未必能想到这些吧？

小档案

亚洲黑熊

特点 百米赛跑需要9秒左右

害怕 讨厌的猎犬

喜好 能够融入森林背景中的黑色

心情真的很好，我来试一下。

By 亚洲黑熊

29

鬣狗
从屁股开始享用美餐

我才不管你们说什么，从屁股开始吃才是最好的！

食肉动物中最有人气的就数犬科和猫科动物了，但鬣狗却不属于这两个科，而是从与它们两类亲缘关系较远的一种原始的食肉动物——灵猫科进化而来。它的骨骼很特别，无论是静止姿态还是行走姿势都与猫犬略有差别。特别是它的头骨与肌肉非常发达，有着超越狮子的咬合力——约 450 公斤，是哺乳动物中咬合力最强的动物。它的破坏力极强，别说是骨头，就连动物的角和蹄子也能咬碎，堪称有着百万吨力量的粉碎王。

不过，鬣狗却一直生活在苦战中。对于到手的猎物总是还没等猎物完全咽气就急着大快朵颐，所以经常还没吃上就又让猎物逃掉了。而且，虽然说它们的咬合力在哺乳动物中是最强的，但这种咬合力只是针对坚硬的骨骼等，它们并没有将皮肉撕开的能力。

鬣狗

特点 笑声（叫声）5秒/次

害怕 纠缠不休的蜜獾

喜好 斑纹

动物小·剧场

1

在奇怪的地方藏匿食物

你们的行为可不礼貌哦！

所以当它们遇到像河马或犀牛这样巨大的尸体想要美餐一顿时，却对它们厚重的表皮无能为力。因此，它们会先把尸体的肛门作为开口，伸进去把内脏拉出来吃掉。鬣狗无法成为百兽之王，或许就是因为这种奇怪的吃相吧。

河马肉和猪肉味道一样。

By 鬣狗

树懒

死后也会一直倒挂在树上

如果你见到我一直这个样子，那就是我已经死了。

树懒到底有多懒是难以想象的，由于很长时间不活动，它的身上长满了藻，就连便便每周也才拉一次。虽然它属于哺乳动物，但由于它们的体温很低，所以很容易受外界温度影响导致体温变化，这简直就是像爬行动物一样的哺乳动物。树懒懒惰到肚子饿了也不会四处寻找食物，好不容易想要活动一下身体，却因为错误判断自身的运动能力和体力而导致死亡的事情也时有发生。树懒消耗能量的水平很低，每天吃 10 克的叶子也可以维持正常的生命运转，进化成如此不能长时间快速活动的样子是不是有点儿本末倒置啊？

树懒喜欢倒挂在树上，许多人把它误认为灵长类动物，但其实它却和食蚁兽的关系更为接近。猴子用手来握住树枝，而树懒是靠长长的爪子挂在树上。它们能量消耗低的秘籍是：肌肉几乎不怎么用力，把能量效率的

小档案

树懒

特点 移动一米需要一个小时

害怕 在森林里一边飞一边抓猎物的角雕

喜好 像藻一样的绿色

动物·小·剧场 **1**

对喜恶敏感的树懒

你们的行为可不礼貌哦！

树懒的主要食物是树懒叶。

每个家族的树懒都有自己所喜好的植物种类，这种偏好由它们的母系传来。

所以每只树懒都只吃两三种树懒叶。

我只吃这两种叶子。

我讨厌这种叶子。

嗯~这种叶子有妈妈的味道。

不过，你到底在吃什么？

我，我在吃自己身上的藻。

利用发挥到极限。即使遇到了天敌角雕，树懒也一动不动，被角雕抓到天空中树懒仍然会保持着倒挂在树枝上的姿势。寿终正寝的树懒依然会倒挂在树枝上，瞥一眼树上的树懒，有时候都分不清它是活着呢还是死了。

虽然我这么懒，但很善于游泳呢。　By 树懒

簇海鹦
舌头很灵活，但飞行能力却很逊色

好不容易抓到了小鱼，可是好难飞起来啊！

小档案

簇海鹦

特点 可以在水下憋气 30 秒

害怕 看到白头海雕的影子就吓得肝儿颤

喜好 希望全身都是橙色的

簇海鹦是生活在北海道的一种海鸟，它的名字在阿伊努语中是"漂亮的嘴"的意思。簇海鹦是潜水高手，它们可以潜到水下 10 米深的位置，还能在水下依靠拍打翅膀而高速游泳。为了养育雏鸟，它们每次潜水都要尽可能多地捕捉小鱼，把嘴巴塞得满满的。曾有人观察过一只簇海鹦的嘴上一下叼了 29 条小鱼，人们一直不知道它是如何能一次叼这么多条小鱼的，后来才明白原来它是靠舌头将小鱼全顶在上喙处防止小鱼掉下来。

不过，鸟儿最应该得心应手的飞行能力对簇海鹦来说却有点儿勉强，必须努力地拍打翅膀才能获得飞行动力的簇海鹦，有时还常常为了保持飞行而丢掉好不容易抓到的小鱼。

 为了能飞稳，我真的尽力了。 By 簇海鹦

红颊獴
本来应该成为救世主，但却成了逃犯

工作就是依靠自己的喜好来做决定，嘿嘿嘿～

在冲绳生活着一种享有全日本最强毒蛇之名的黄绿原矛头蝮，它不仅毒性强，性格还暴烈，从古至今咬伤人的事故就没有间断过。为此，1910 年，日本动物学者将一种獴科动物——红颊獴引入冲绳县用来防治毒蛇和毒虫。

被誉为"希望之星"的红颊獴被新闻媒体大肆宣传报道，人们甚至将它当成救世主一般对待。结果呢? 这16 只从东南亚引进的红颊獴在冲绳不仅没有击退毒蛇，反倒是把被日本定为国家天然纪念物的琉球兔当成了美餐! 到现在，红颊獴的数量已经激增到 3 万多头，从最初的救世主变成了被通缉捉拿的外来入侵动物。人们这样随意地将外来物种引入的行为真是费力不讨好啊!

 如果把我当成外国来的帮手的话还是算了。

By 红颊獴

泥鳅
如果不放屁就没法呼吸

啊，不好意思啊！

喜剧舞蹈"抓泥鳅"描绘的是人们在水田中辛苦抓泥鳅的画面。对普通的鱼类来讲很难生活的水渠或者沼泽地，对于泥鳅来说却是快乐的家园。

泥鳅能够在这些环境恶劣的水体中生活的秘密就在于它们独特的呼吸技巧——在淤泥堆积氧气有限的水体中，泥鳅不单纯依靠鳃来呼吸，它们可以直接到水面上将空气吸入口中。

我们人类呼吸是用鼻子或嘴来进行吸气吐气，最后由肺来吸收氧气。而泥鳅却只是用嘴巴来吸气，将空气运到肠道中吸收完氧气后，再将空气像放屁一样从屁股里排出，所以水面才会有泡泡产生。

泥鳅
特点 离开水 30 分钟也不会死
害怕 泥鳅锅
喜好 泥土的颜色

 我们全身滑溜溜的，可没这么好抓哦！

By 泥鳅

猕猴

用牙线来刷牙

从开始用了牙线后就再也无法拒绝这种东西了。

　　包括日本猕猴在内的所有猕猴属是一类跨世代群居，有着文化传承行为的灵长动物。与本能的行为不同，这些玩耍或取食的行为在不同区域的猕猴种群中略有不同。

　　日本宫崎县的日本猕猴种群会将白薯先放在海水中洗掉上面的沙子再吃，而长野县的日本猕猴则世代喜欢泡温泉。

　　生活在泰国的普通猕猴喜欢趁参观古寺院的长发女游客不注意的时候拔她们的头发，然后用头发当成牙线刷牙。它们可真不怕女游客们生气啊！

 快点来个代言牙线广告的机会吧。　By 普通猕猴

无论是相亲还是建新居都喜欢偷懒

家燕

咦？那个巢看起来不错哟!

是呀，赶紧过去看看吧!

日本的家燕是从东南亚迁徙过来的候鸟，每年春天它们都跨越数千千米回到日本。家燕是最常见的鸟类，它们为了躲避天敌乌鸦，而喜欢在乌鸦的天敌——人类的屋檐下筑巢。

不管它到底常见与否，关于家燕还有许多人类没有研究透彻的秘密，比如它们是不是能终生厮守的忠实伴侣等。

对于家燕来说，找对象这种事儿非常简单，谁先到了日本便能优先获得配偶。新婚家燕夫妇也不会特意修个新巢，而是直接找到去年的旧巢来当成新婚的婚房，真是懒到家了啊!

 咱们就在老房子里凑合一下吧!

By 家燕

海鸥

喂食的画面就像自动贩卖机

海鸥喂食的画面就像自动贩卖机。

小档案

海鸥

特点 每天想欺负乌鸦的冲动都有3次

害怕 白头海雕（或许会打败海鸥吧）

喜好 对于海蓝色的悲伤很憧憬

在动物的亲子关系中，有许多难以用科学来阐释的问题，比如说母子关系。虽说如此，但如果将动物的行为一个个地拆分开来研究的话，也可以用科学来进行解释。

雌性海鸥的嘴巴是黄色的，上面有一个红色的圆斑，刚刚出生的雏鸟一见到这个红黄搭配的组合就会本能地去啄它。

雌性海鸥的嘴巴一受到啄击，就会本能地将胃里的食物吐出来。这种看似纯粹的本能行为，在人类眼里被认为它们母子关系深厚，其实只不过是类似于自动贩卖机的原理而已。

偶尔也有冷淡的亲子关系。 By 海鸥

阿德利企鹅筑巢的时候喜欢偷石子

所以，收集石子真是个麻烦事儿！

全世界的企鹅现在一共有 19 种，这其中有一种长相幽默、行为有趣的阿德利企鹅。虽然企鹅总是作为南极的象征出现，但真正在南极繁殖的只有阿德利企鹅和帝企鹅两种，或许这才是符合人们心中正统派企鹅的类型吧。阿德利企鹅是以 19 世纪法国南极探险家迪维尔妻子的名字命名的。

不过，如此可爱的阿德利企鹅性格也有奇怪的地方。在广阔的南极大陆，能够用来做繁殖地的区域非常有限。在夏天，阿德利企鹅在靠近沿岸岩石多且没有雪的地方繁殖，每年一到繁殖季，近 50 万只阿德利企鹅拥挤在有限的区域内。雄性的阿德利企鹅会收集小石子筑成圆形的巢来吸引雌性，认真的雄性会反反复复从很远的地方衔来小石子，但也有一些家伙嫌麻烦，喜欢要小聪明，趁着别的企鹅去寻找石子的机会从它们的巢中偷

小档案

阿德利企鹅

特点 雏鸟要在托儿所里待上4周

害怕 凶恶的麦氏贼鸥

喜好 像烟花绽放般放射状的图案

石子。当被对方怀疑的时候，偷石子的企鹅就会摆出在玩"红灯绿灯小白灯"游戏的样子——走一停，装作毫不知情，而这种围绕小石子的攻防游戏在阿德利企鹅间从来没有停止过。话说回来，在这个世界上，无论哪里都有这么爱耍滑头的家伙呢。

动物·小·剧场

制作烟花的企鹅

你们的行为可不礼貌哦！

1

哇，夜空中绽放的烟花好漂亮！就像在开花！

咚～

呵呵

人类居然可以做出那么漂亮的东西，真是厉害极了呢！

有利儿企鹅，我们阿德利企鹅从来就没服过输！

嗯，是的，这就是负责孵卵的雄性阿德利企鹅创造出来的艺术作品

这……这个是？

看看你的脚下！

香满大地的红色花朵！

好吧！

是尼尼！

我就在南极生活，欢迎来看我哟～

By 阿德利企鹅

41

象海豹
发怒时就像一台暴走的卡车

来！随随便便进我领地的家伙，在哪里？是哪一个？！

象海豹是一种大型海兽，雄性的象海豹身体长达 4.5 米，体重 2 吨。它们非常善于潜水，可以憋气 2 个小时，一口气潜到 1500 米深的水下进行捕食。

象海豹性格很温和，不过野生的象海豹也有瞬间发怒的时候。当其他雄性象海豹经过自己的后宫领地时，它会瞬间变得极其暴躁，然后拖着肥大的肚子在地上"呱嗒呱嗒"地移动着身体，就像一台无法控制的暴走大卡车一样气势汹汹地冲过去，这个时候它的眼中只有情敌，对路过的雌性或幼崽视而不见，所以经常发生压死幼崽的情况。

小档案

象海豹
特点 能在水下憋气至少 2 个小时
害怕 突然袭来的虎鲸
喜好 对颜色和设计毫无兴趣

 平时我会把身体给爱人当枕头用，我很优秀吧。

By 象海豹

龟甲
幼虫会用摇摆粘在屁屁上便便的行为来防身

这个武器不错吧?

独角仙和锹甲是非常受孩子喜欢的大型甲虫。不过对于孩子来说,他们并不知道同样作为甲虫的龟甲也有很多独特的外形和生活习性。

淡边尾龟甲有着黑亮黑亮的翅膀,橙色的前胸背板上并列着 4 个水滴状的装饰,非常帅气。最特别的是,在它的幼虫时期,尾巴(腹部末端)上长着像豪猪一样的刺。

这些刺的真面目其实是幼虫的粪便! 幼虫每次蜕皮的时候就会把壳堆积在屁股上,然后上面又堆满了便便,就像是一根根刺一样,它会来回晃动着屁屁上的"刺"来保护自己。看来想变得像独角仙那样受人欢迎还是有点儿困难啊!

小档案

龟甲

特点 拉一次便便只用 8 秒

害怕 小鸟

喜好 绿色

当我长大以后就会拥有像 UFO 一样透明的身体啦。　By 龟甲

河马
用搅拌便便制造『烟雾』的方式来隐藏自己

我的绝招就是"烟雾术"。哦天哪！不小心吃了一口……

河马

特点 每次在水中给幼崽喂奶需要50秒

害怕 站在背上的牛椋鸟

喜好 红褐色

小档案

河马是仅次于大象和犀牛的第三类大型陆生哺乳动物。它的祖先长得像野猪，为了躲避狮子等怕水的猫科动物，逐渐演化出在水边生活的习性。虽然河马体形很大，体长有4米，体重近3.5吨，但它们生性胆小，如果没有一个适合藏身的地方就很难安下心来。

为了能够掩蔽自己庞大的身躯，它们选择了便便烟雾。一般动物都不想让难闻的便便粘在自己身上，它们会劈开腿，翘起尾巴拉便便。而河马却会用尾巴将柔软的粪便在水中来回搅拌，用便便把水弄脏后才能安下心来。

 我的汗水有杀菌作用，所以就算伤口碰到便便也不会化脓。

By 河马

雄性大象为了吸引雌性会滴尿

大象是陆地上最大的哺乳动物，现在却濒临灭绝。在很久以前，地球上生活着许多种类的大象，就连东京都发现过大象的化石，这证明日本以前也是有大象生活的。

象群以母象和幼象为中心组成一个团体，在繁殖期与最强大的公象混居在一起。由于大象的体形过于庞大，交配对于它们来说也是很困难的事情。母象孕期 2 年，生下小象后直到小象长大离开之前的数年都不会再怀孕。

因此，母象必须要通过多方面来评判一只公象是否适合作为自己后代的爸爸，其中一个手段就是通过公象的尿液。公象像小便失禁一样，被尿液浸湿的股间散发出的味道能够让母象感受到它的魅力。

小档案

大象

特点 用鼻子吸 10 升水只需要 2.5 秒

害怕 背上的蜱虫

喜好 大地的颜色

感觉不太会憋尿了……

By 大象

45

蓑蛾

雌性是一生都会待在蓑衣中的『害羞女孩』

被人看到时很害羞的呢。

小 档 案

蓑蛾	
特点	幼虫期 10 个月
害怕	寄生蜂
喜好	枯叶色类的冷色系

蓑蛾的幼虫会用枯叶、枯枝等通过丝来粘在一起制作成一个睡袋样子的巢，然后倒挂在树枝下面，像一件蓑衣（古代的雨衣），蓑蛾也正是因此而得名。

这个庇护所非常完美，蓑蛾的幼虫从开口处露出一点点，像寄居蟹一样行走，一旦遇到天敌就马上缩回"蓑衣"中保护自己。

不过，蓑蛾的一生实在是太奇特了。雄性的蓑蛾羽化为成虫后，它们的口器退化不能吃东西，和雌性交配之后就死去了。而雌性的蓑蛾终生都不会羽化，在"蓑衣"中以蛹的形式和雄性交配，之后再产卵。直到卵孵化完，雌性的蓑蛾终于可以从"蓑衣"中出来了，却马上掉在地上死去，真是在"蓑衣"中躲躲藏藏的一生啊！

 虽然我过着隐居的生活，但我也能变成堂堂正正的成虫！

By 蓑蛾

1

你们的行为可不礼貌哦！

乌鸫

通过特殊的声音来引诱别的鸟，却总是失败

远东山雀，我在这里哟。

乌鸫

特点 可以连续叫一个小时

害怕 被猛禽袭击

喜好 黑色

乌鸫在甲壳虫乐队的歌曲及英国童谣《鹅妈妈童谣》中都曾出现过，与被欧洲人熟悉的斑鸫是亲戚。乌鸫在看到猛禽的时候，会发出能够被附近其他鸟类听到的报警声，这种跨越种族的报警行为也可以被称为利他行为。

不过，经常观察乌鸫会发现，乌鸫自己会藏在隐蔽的地方，而它发出的报警声是不易被确定音源的高频率带，就像使用腹语术一样。它用这样的方式惊扰到其他的小鸟，助其逃跑，这也让天敌目标远离了自己。但如果其他小鸟并没有逃跑的话，反而更明显地暴露了自己的位置。

我就是这样的性格，没办法保持沉默。 By 乌鸫

47

耶气步甲
它可以放出 100℃ 高温的屁

好像是有一点儿烫啊……

好烫，好烫啊!

噗

耶气步甲

特点 幼虫可以连续 23 天不吃不喝

害怕 饿着肚子的鸡

喜好 低调的警戒色

　　耶气步甲是自然界中的清洁工，它以其他动物的尸体为食。耶气步甲的俗名叫"放屁虫"，许多动物都会用放屁的方式来驱赶敌人，但跟人类的屁本身带臭味不同的是，这种防御性的"屁"实际上是靠近肛门部位的肛门腺体分泌出的液态化学物质。

　　在这之中，耶气步甲应该是拥有最强化学武器的动物了。通过让过氧化氢和醌醇产生化学反应，从而喷出高达 100℃ 含有苯醌的水蒸气，说得通俗一点儿，它的屁股就是一台火焰发射器，与其说是放屁，倒不如说是超前进化地性能过剩。不过，在喷出高温瓦斯瞬间发出"噗"的声音时还是放了一个屁。

 说到这里也不能算强力，而是十分强烈啊。

By 耶气步甲

鼠兔
总偷同伴的储备粮食

鼠兔
特点 孕期 25 天
害怕 鼬
喜好 可以融入环境中的茶褐色

听到"兔"这个字我们就会想到耳朵长长的动物，不过鼠兔的耳朵很短，它是一种长得像仓鼠的兔子。鼠兔生活在日本北海道，它们是从冰河时期子遗下来的"活化石"，非常耐寒，即使在特别寒冷的季节也不需要冬眠。

鼠兔是独居动物，它们会通过声音来标记自己的领地范围，但同时也能通过发出警报声告知同类有猛禽、狐狸或鼬等天敌来袭。

到了秋天，它们会在巢穴边上的岩石缝隙间储存过冬的草料。这个时候，有的鼠兔在勤劳地准备冬天的食物，也有的在准备做聪明的小偷。这些"小偷"会发出虚假的警报声，其他鼠兔听到声音逃跑之后，它就去偷吃别的鼠兔储存的食物。

 那家伙长得那么可爱，居然能做出这种事。

By 鼠兔

49

窃蠹
为了和雌性搭讪，它会一直用脑袋敲木头

动物可以用很多种方法发出声音来与同伴交流。我们人类通常通过吐气时带动声带振动发出各种声音，来进行交流或唱歌。螽斯和蝗虫通过摩擦翅膀的方式发出声音；海豚通过鼻子（呼吸孔）来发出声音；大象则通过脑门儿附近发出人类没法听到的超低声波来和远处的同伴交流。对于这些大型动物来说，发出并接收声音非常容易，但对于几毫米的小虫子，它们是否也能使用声音呢？

轮到窃蠹登场咯。它们会一个劲儿地用头撞击木头发出声音，实际上这是雌雄两性间进行交流的一种方式，因为它们太小了，没办法叫出声音，即使摩擦翅膀也不能发出多大的声音。不过，我们的祖先又是怎么认识到窃蠹发出的这种声音是头部撞击柱子发出的呢？

以前的人们并不清楚这种声音到底是从哪里发出，只是听起来有点

窃蠹

特点 敲击声音间隔1.5秒

害怕 寄生蜂

喜好 木纹风格

儿像时钟上秒针"嘀嗒嘀嗒"的声音,由此联想到拿着时钟的死神,从而就有了死神虫的怪称。实际上,这种声音只是窃蠹在寻找配偶时发出的一种声音罢了,只是一直被人们当作不吉利的声音而流传下来。

动物·小·剧场 **1**

通过独特方式吸引雌性的窃蠹

我是撞头狂。 By 窃蠹

51

不为人知的动物食物大揭秘!

慢慢揭开那些你至今都不知道的,关于动物园动物们食物问题的真实爆料。

体育新闻

失败动物

动物园的秘密

内部消息

百事通:S氏

食物篇

大象食物之谜

为什么吃竹子?

大象的食物是大熊猫吃剩下的!

这是真的吗?

在动物园,虽然说给动物提供与栖息地同样的食物才是最理想的,但受到成本以及长年稳定获取方面的限制,使如何饲养世界上各种不同的动物成为动物园的第一难题。

因此,计算出动物们体能消耗量和所需的营养,

使用本地的食物成为替代品是动物园解决问题的
手段之一。蔬菜和鱼肉等可以从市场购买，为了防
止价格波动，动物园通常会与供货商签订购买协议。

　　另外，购买来的食物还要尽可能防止浪费。例
如，大熊猫只吃竹子的叶子，其他太粗的竹竿就会
给大象吃，从人的角度来看这根本就是不能吃的
东西。不过在动物园中我们可以目睹大象"吧唧吧唧"
吃竹子的样子呢。

正因如此，我们大象吃的才是大熊猫们剩下的……

大熊猫的爆料

实际上大熊猫也吃竹叶以外的东西！

　　大熊猫是从食肉的熊科动物演化
到食草动物的，这也是为什么它们会
变成吃竹叶的动物。不过，大熊猫对
于食物的选择有强烈的偏好，600多
种竹子中只吃包括孟宗竹在内的几种。
因此，饲养大熊猫非常困难，野生的
大熊猫还有濒临灭绝的危险。

　　但是在动物园中，作为营养补充
食物——会给大熊猫喂食混合了马肉
的麦米粥和人工熊猫专用牛奶。另外，
还有将玉米粉、大豆粉、维生素矿
物质类混合在水中搅拌然后蒸出来的
"熊猫团子"。

熊猫团子是不是也可以成为特产呢?

火烈鸟的伪装!

火烈鸟啊,你本身是什么颜色的?

鸟类中有许多种类都拥有美丽的羽毛。这些美丽的颜色实际上由两种方式构成:一种是孔雀这样的依靠光线反射形成的结构色,另一种是火烈鸟羽毛中的色素。火烈鸟在野外可以通过摄取湖中的藻类或甲壳类等浮游生物获得色素,所以如果不在人工饲料中加入色素的话,火烈鸟在人工圈养的状态下就会变成白色。

因此,为了展现火烈鸟自然状态下的颜色,同时也是考虑到它的健康和繁殖等需要,就在人工饲料中增添了从天然物质中获取的色素,这也是给火烈鸟美容的秘密所在。

伪装什么的，完全 OK。用的是天然色素，当然没问题啦！

另外，由于火烈鸟生活在水边，它们只能吃到浮于水面上的食物，所以人工调配的饲料也要控制比重，让其一直浮于水面上而不会沉下去。

来斗一局？

大猩猩

的兴奋剂！

大猩猩是动物园中最难饲养的动物，它们对食物非常挑剔，所以动物园常常要为每只大猩猩提供单独的食物。

大猩猩的智商非常高，个性也很强，别说在动物园，就连在野外也很容易受到干扰——生病或食欲不振。

它们在生理上与人类也很接近，也会感染人类的感冒等疾病。为了恢复病后的体力和营养，有时候也会给它们喝人类用的营养饮料。

就连孕期检查药我们都用人类的哟。

新宅老师的
《失败动物 Q&A》

睡眠篇

Q 动物的睡眠时间是多少?

睡眠对于动物来说,可能并不是像人类想象的那样是连续的无意识的状态。不过,大多数动物每次睡眠的时间都很短,也很浅,长颈鹿的深度睡眠时间差不多只有 3 到 15 分钟。毕竟,在遍布危机的野外很难进行深度睡眠。

Q 哪些动物的睡眠方式比较有趣?

动物的睡眠方式和生活环境相关。在没有藏身之所的大海中,海豚通过左右脑切换的方式睡觉,它们总有一边大脑保持清醒状态,这也就是所谓的半脑睡眠,所以它总是 24 小时不睡觉。在缺乏食物的冬天里,日本睡鼠会连续睡上半年。蛇类和蛙类的冬眠也是这些变温动物应对寒冷气候的一种对策。

Q 动物会做梦吗?

梦到底是怎么回事,现在还没有太明确的解释。浅度睡眠(快速眼动睡眠)的时候做梦似乎是跟整理记忆等智力方面有关。虽然现在认为动物并不会像人类这样做梦,但说不定随着研究的发展会有更新的进展。

第 **2** 章

神乎其神！
动物为什么会住在那里？

分布篇

真想不明白它们为什么会住在那里……我们如果选择住哪里，是不是一定会选择一个舒服的地方呢？

意想不到的舒适呢！

河狸
经常因为过于集中而被大树压死

疏忽大意了……

河狸是出众的建筑大师。我们经常把同属于鼬科食肉动物的水獭与河狸搞混，实际上河狸跟老鼠一样是啮齿动物，主要以植物的叶、皮等为主要食物。

河狸的天敌很多，包括郊狼、野猫等，为了防御这些天敌，河狸喜欢在人工湖的中间搭建起有沟渠隔离的像城堡一样的巢穴。

建筑大师有着非常讲究的建筑工具——门齿。河狸的门齿呈现出一种橙色，这是因为它的门齿表面有一层含有铁成分的涂层，正因如此它才能将巨大的树木切断，再用树枝等工具将河流截断，建造大坝。目前发现的河狸建造的最长大坝有 850 米！河流周围的样貌常常因为河狸修筑的大坝而产生巨大的不同。除了人类之外，没有其他动物像河狸这样为了修建家园而进行如此大面积的土地开发。

河狸

特点　10分钟就能咬断一棵直径为15厘米的树

害怕　落雷打在树上

喜好　小木屋颜色的大坝或巢穴

为了防止天敌入侵到巢中，河狸将在湖中央用树枝缠绕建成的巢的入口设在水下，巢的上面还设有烟囱般的换气口。这样的一个巢穴简直就是河狸家族梦寐以求的私人小别墅。可是，河狸爸爸太热衷于各种DIY了，时有被自己咬断的大树压在身上无法动弹而死去的事情发生。

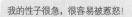
我的性子很急，很容易被惹怒！
By 河狸

动物小剧场
破坏自然环境的河狸
2

神乎其神！动物为什么会住在那里？

河狸将森林中的大树咬断，然后将河流截断，在其中做断咬断、修建大坝，这是为了防止狼之类的天敌接近自己的巢穴。

不过，这样的巢穴完全改变了原有的自然环境。有时候甚至因为河狸大坝的决堤而造成发生大洪水的事情。

干掉它们！这么严重？
看来不得不清除这些有害的家伙。
抗议！

砍伐森林
修建度假村
巨型水坝
还说我，看看你们人类都干了什么！

59

非洲牛蛙
无法忍受干热的草原，大半生都在睡眠中度过

这一年下来基本全在睡觉，实在是太热了。

地球上的蛙类中位列前三的重量级选手之一——非洲牛蛙，体长 20 厘米，体重可以达到 2 公斤，接近一只小猫的大小了。它的大嘴巴能吞下任何它能吞下的东西，连小鸟或老鼠也不在话下。

一方面，雄性的非洲牛蛙非常小心地呵护自己的后代，它们守护在卵的边上，一旦发现水坑中的水要干枯了，就会用自己的身体将其他水坑中的水推进来。在干旱炎热的非洲稀树草原，为了防止身体的水分丢失，旱季时非洲牛蛙会在土中进行夏眠，最长能连续 10 个月不吃不喝，等待着下一次雨季的到来。非洲牛蛙的寿命可以长达 50 年之久，但几乎多一半的时间都在等待雨季的夏眠中度过。

小档案

非洲牛蛙

特点 50 年的寿命中有 42 年在睡觉

害怕 能够将它一口吞下的大蟒蛇

喜好 红褐色

 我常常在睡梦中被突袭。

By 非洲牛蛙

加岛环企鹅

虽然进化出了超强的耐寒能力，但在南方却濒临灭绝

好不容易到了这里，却……

小档案

加岛环企鹅

特点 潜水时间不超过30秒

害怕 远道而来的游客

喜好 暖色调的颜色

在达尔文进化论中被人们熟知的世界生物多样性的宝库——南美洲厄瓜多尔的加拉帕戈斯群岛，位于赤道的正下方，却生活着企鹅，缘于受到寒流的影响这里的海水温度相对较冷，但与气温在零下40℃的南极相比还是有着近80℃的温差，所以在陆地上企鹅们常常要在背阴的地方休息。

这些加岛环企鹅并不进行洄游，而是在这片南方的岛屿上进行繁殖。当陆地上的气温太高时，它们便到水中游泳降温，同时还会用喙来发出声音进行求偶。为了躲避天敌而逐渐转移到极地生存的企鹅，好不容易找到这片没有天敌又适合生存的温暖岛屿，却又因为人类闯入带来的宠物和老鼠而遭遇危险，这些动物常常偷袭加岛环企鹅的卵或者雏鸟，让它成了濒临灭绝的物种。

 或许可以去北极看看。 By 加环岛企鹅

平流层的细菌

不小心飘上来后就再也回不到地面了

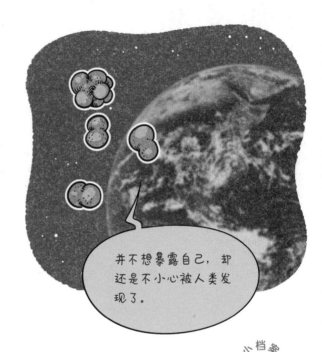

并不想暴露自己，却还是不小心被人类发现了。

小 档 案

平流层的细菌

特点 热气球从地面到达平流层需要 2.5 小时

害怕 宇宙

喜好 土黄色

随着 20 世纪以来科学技术的不断发展，对于生物的大调查也有着飞跃式的进步。在以前人们认为并不会有生物生存的过高或过低的地方都相继发现了适应这种极端环境生活的生物。

"高空中也有生命吗？"为了回答这个问题，科学家开始利用热气球在距离地面 40 千米处的高空中收集空气进行分析。通过分析发现，在这种人类需要穿宇航服才能待的地方，有超过 10 种以上的细菌生活着，这个发现意外地证实了这样的地方也有生命存在。虽然这个谜团被解开了，但还有一种可能是这些细菌本身就生活在地面上，只是一不小心被带入高空中就再也没法下来……

 地球是蓝色的。 By 平流层的细菌

蓝鳃太阳鱼本身是一种高贵的动物，却被当成罪犯

小档案

蓝鳃太阳鱼

特点 寿命 10 年

害怕 以鱼卵为食的放逸短沟蜷

喜好 蓝色

蓝鳃太阳鱼原本是生活在北美洲湖水里的一种淡水鱼，因为长得有点儿像平底锅，也被称为"平底锅鱼"。蓝鳃太阳鱼的天敌很多，包括鲇鱼、黑鲈、翠鸟等，它的后代成活率非常低，因此它有保护鱼卵和小鱼的习性。1960 年，日本明仁天皇访美时，芝加哥市长送了日本天皇 15 尾蓝鳃太阳鱼，这是蓝鳃太阳鱼第一次来到日本，随后这 15 尾蓝鳃太阳鱼在日本水产厅研究完后被放生于静冈县的湖中。随着垂钓娱乐的普及，一些垂钓者将蓝鳃太阳鱼放生到了日本各地，后来人们怀疑这些蓝鳃太阳鱼干扰了原本的生态系统，因此被列入外来入侵生物中。蓝鳃太阳鱼本来自己生活得好好的，在日本却被当成了罪犯对待。

 住在日本相当舒服啊！

By 蓝鳃太阳鱼

狮尾狒
恐惧天敌而睡在比天敌还危险的悬崖上

狮尾狒是一种生活在非洲埃塞俄比亚的狒狒，与一般的狒狒有着波纹般长发、暴躁的性格不同，它们的性情非常温和。白天由 1 头雄性和数头雌性及幼崽组成一个小群体活动，以草原上的草为食。

晚上，为了不被花豹等肉食动物攻击，在日落前它们会汇集到悬崖处，聚成 100 头以上的巨大群体。在悬崖上，它们选择花豹等天敌无法落脚的垂直高崖处睡觉，这种地方因为太高，不小心掉落就会摔死，所以对于狮尾狒来说，睡觉真是命悬一线的事情啊！

小档案

狮尾狒

特点 睡眠时长 10 小时

害怕 善于攀爬树木的花豹

喜好 健康的牙龈

我们不喜欢打架。 By 狮尾狒

雪溪石蝇 只能生活在 -10℃~10℃之间

如果全年都是冬天就好了。

小档案

雪溪石蝇

特点 从雪溪向河流移动需要一个月

害怕 被河乌发现

喜好 雪白色

很多人都认为日本的夏天是虫子最繁盛的季节，到了冬天就不会有昆虫了。其实，真的有一些昆虫更喜欢雪呢。深冬 2 月，在高山上峡谷沼泽等残留积雪的地方（雪溪），生活着一种体长 1 厘米的小虫子——雪溪石蝇，也被称为"报春虫"。

夏天，雪溪石蝇的稚虫生活在溪流中，对于它们的习性目前还未知。在深冬时节，稚虫变为成虫，这一规律突破了人们对于昆虫习性的常规认识。成虫没有翅膀，它们以冰雪中的藻类、菌类及其他微小的原生动物为食。由于它们只能适应 -10℃ 到 10℃ 的环境，一旦把它们放在手心上观察，它们就会因为温度过高而发生痉挛最终死亡。

在冰天雪地里吃刨冰，毕竟是冬天嘛！

By 雪溪石蝇

淡红墨头鱼
没有医师许可证一样
被称为『医生』

真的呢，这些人脚丫上的角质作为小菜真是太特别了。

呀，温泉里真是太棒啦！

医生鱼是指生活在西亚、体长10厘米左右的鲤科淡红墨头鱼，它们原本生活在河流中，但在强碱性的水或37℃的温水中也能活得很好，所以在土耳其等国家的温泉中也有淡红墨头鱼的踪迹。它们以岩石表面的苔藓为食，在人们泡脚的温泉中虽然没有苔藓，却可以吃脚上被热水泡软的角质。

世界三大美女之一的埃及艳后克娄巴特拉最喜欢这样的足浴，日本的温泉也引进了淡红墨头鱼来给前来泡脚的客人提供服务，这是非常受欢迎的按摩项目。淡红墨头鱼的嘴中没有牙齿，所以它们不会咬伤人，它们把这些角质当成苔藓来吸食，就算没有医师许可证也被人们叫成"医生鱼"，真是一种不可思议的小鱼啊！

 温泉恋脚同好会会员募集中。

By 淡红墨头鱼

蓑羽鹤
能飞越世界最高峰

为什么我们要飞过珠穆朗玛峰呢？因为那里有一座高山。

蓑羽鹤是全世界 15 种鹤中体形最小的一种，它们有着爱打扮的可爱少女的样子，在世界上都很受欢迎。

这种鹤不仅是一种喜欢打扮的候鸟，还是斯多葛派的体育系成员，它们的飞行高度能够与大型喷气式客机相媲美，能飞越世界最高峰——位于喜马拉雅山脉、海拔 8848 米的珠穆朗玛峰，是飞得最高的鸟类。珠穆朗玛峰上有强烈的下降气流，年幼的小鹤如果没有一口气飞上去就会被气流吹下来，这个时候所有的成员都会回到山麓下带着小鹤重新开始，有时候甚至反反复复很多次。

小档案

蓑羽鹤
特点 时隔数年来一次日本
害怕 喜马拉雅山脉的下降气流
喜好 爱好潮流打扮的潮流色

我们在动物界是最强的体育团队，会尽己所能挑战一切。

By 蓑羽鹤

湍鸭
固执地生活在世界上最危险的激流中

南美洲海拔 1500 米以上的巴塔哥尼亚地区是世界上许多探险家难以抵达的危险地带，这里遍布瀑布和湍流，而湍鸭恰恰是为了躲避别人的干扰而选择在这里生活。

为了不被湍急的河水冲走，相对其他鸭子，湍鸭的身体呈流线型，非常擅长潜水。它们的爪子十分尖锐，翅膀的弯曲处也有像爪子一样的距。亲鸟不仅自己要拼命努力，防止被湍流冲走，同时还要保护自己的孩子。

湍鸭雌雄一起参与喂养后代。在雏鸟还是一身胎毛的时候，它们就会一直守护在雏鸟身边以防它被湍流冲走。不过，既然这么提心吊胆，是不是选择一处更为安全的地方去养育后代更好呢……

 经常被人建议赶紧搬家吧。 By 湍鸭

小档案

湍鸭

特点 孵卵时间 43 天

害怕 远离湍流的陆地

喜好 鲜艳的颜色

68

白颊黑雁

雏鸟能够从 120 米高的地方跳下来

还没长出羽毛来呢……

快跳下来啦！

为什么就不能走下去呢?

这个高度跳下去怎么也得用 10 秒吧……

小档案

白颊黑雁

特点 雏鸟从悬崖上跳下来用时 10 秒

害怕 狡猾的北极狐

喜好 阴沉沉的颜色

位于北极圈内格陵兰岛繁殖的白颊黑雁为了躲避天敌，会选择在非常高的悬崖上筑巢。

当所有的卵孵化后，两只亲鸟会飞下悬崖，在下面呼唤自己的宝宝跳下来，想一想，近 120 米的落差! 如果以人类小孩的身高来换算的话，相当于从 500 米的高度跳下来。

对于还没有长出羽毛的雏鸟来说，虽然必须果断地跳下去，但它们仍然难以当机立断。有意思的是，大多数的雏鸟们跳下去后会像橡皮球一样在地上弹来弹去，毫发无伤，但如果不小心落在了坚硬岩石附近的话也会当场死亡，这是不是一场略有些严酷的选择呢?

 我们被称为动物界第一蹦极选手。 By 白颊黑雁

大黑雨燕
巢建在瀑布里，每次飞起来都会弄湿身体

啊，每次都弄得浑身湿透！

出发咯~

小档案

大黑雨燕

特点 水平飞行 170 千米／小时
害怕 猛禽
喜好 素色

虽然大黑雨燕的名字中带"燕"字，却是一种和蜂鸟关系更近的鸟类。大黑雨燕不仅可以像游隼一样急速向下俯冲，飞行速度也是鸟类中最快的——时速可以达到 170 千米。它们生活在南美洲，横跨巴西和阿根廷的世界最大瀑布——伊瓜苏大瀑布。伊瓜苏大瀑布宽 4 千米，最大落差为 82 米，巨大的落差产生的风压会让瀑布周围形成乱流，许多生物都无法靠近。大黑雨燕凭借自己超高的飞行速度可以冲进这个乱流中，到瀑布内侧休息。与其他动物为了躲避天敌不同，它们要在瀑布内侧活动的真正原因是在伊瓜苏大瀑布内侧生活着超过 70 种蚊子，这是大黑雨燕最喜欢的食物。所以贪吃的大黑雨燕们选择了这条过于严酷的道路。

 向秘密基地出发！

By 大黑雨燕

70

新种巨蟹蛛 没有了蜗牛就活不下去

好漂亮的壳~
这是从蜗牛那
里借来的。

在非洲的马达加斯加岛，至今仍然能够发现许多人类尚未了解的新物种。1926 年人们在岛上发现了一个飘浮于空中的蜗牛，但是，经过更细致的调查后，发现原来这只是一个被蛛丝悬挂于树枝上的空壳而已。在这之后的数十年研究都没有再取得进展，针对这个壳是不是蜘蛛给挂上去的，争论一直不断。

最近，英国 BBC 的自然纪录片中终于记录到了真实的影像，这一未知的巨蟹蛛在晚上的时候会用蛛丝将蜗牛壳挂到离地面 50 厘米的树枝上，这种对于废弃的蜗牛壳再利用的行为居然不是为了挂网捕捉食物，而仅仅是为了制作一个可以睡觉的场所，真是有劲儿没地儿使啊！

小档案

新种巨蟹蛛
特点 用 5 分钟的时间将蜗牛壳从地上拉上来
害怕 爬行动物
喜好 彩色

 马达加斯加的蜗牛种类也很丰富呢。 By 新种巨蟹蛛

眼斑双锯鱼
躲在剧毒的海葵中却仍能被大鱼轻易吃掉

有了这些剧毒触角的保护就不会死啦，软绵绵的好舒服！

在动画片中有着超高人气的小丑鱼就是眼斑双锯鱼，而能衬托出小丑鱼的美丽的海葵，就像是花海一样。实际上，这些海葵的触手上都有毒，它依靠这些毒来麻痹那些不小心碰到的小鱼，然后将它们吃掉，所以一般的小鱼是不会靠近海葵的。

不过双锯鱼属的鱼身体表面有一种特殊的黏膜，可以保护它们不会被海葵的毒刺伤到，它们可以躲在海葵的触手之中获得保护。不过，也有一些个体是急性子，它们不把海葵当成完美的庇护所，很少躲到海葵的触手里，而常常在外面徘徊，所以会被潜伏在周围的海鳝或石斑鱼等大型鱼类轻易地吃掉。

 虽然那里有剧毒，不过我不怕。

By 眼斑双锯鱼

沫蝉
如果没有泡泡浴就待不住了

好害怕长大后的样子……

小档案

沫蝉

特点 以卵的形式越冬

害怕 蚂蚁

喜好 像肥皂一样的颜色

你有没有在草丛中见过杂草上面粘了一团泡沫？这是沫蝉若虫的泡泡巢。沫蝉是一种像小型蝉的虫子，它们通过刺吸式的口器吸取植物的养分。它们的尿液中含有铵皂一样的物质，这种物质具有起泡性，沫蝉的若虫将这些泡沫当成躲避天敌的地方。这种用铵皂打出来的泡沫可以把蚂蚁等天敌溺死，而沫蝉若虫自己却拥有自由自在浸在泡泡中却不受影响的能力。

沫蝉的若虫一旦制作了泡泡巢便不再移动，一直在那里吸取植物的养分。如果不小心丢失了泡泡或从泡泡中掉出来，那它也要跟这个世界说再见了。

泡泡的原料就是尿啦！ By 沫蝉

海牛
相比自然环境，更喜欢发电厂

温暖是最重要的。

海牛是一种大型水生哺乳动物，它们生活在美洲和非洲温暖的河流或河口区域，与同属海牛目的儒艮长得很像。

科学家认为，海牛是和大象一起由同一个祖先演化而来的食草动物，为了消化植物，它们的肠道长达50米，大象的肠道接近30米，而人类的只有7米左右。

不过，海牛不太擅长调节体温，它非常怕冷。生活在美国佛罗里达州周围的海牛能够感受到从发电厂排水口排出来的冷却水温度较高，所以一到冬天它们就从大老远的地方来到发电厂周围聚集取暖。

小档案

海牛

特点 游泳速度最高达20千米／小时

害怕 瑟瑟发抖的寒冷

喜好 生菜的颜色

 为什么就管儒艮叫美人鱼？哼！ By 海牛

北极狐

换毛的时候像个寒酸的流浪汉

好想像灰姑娘一样得到魔法的帮助……

哺乳动物的一大优势就是全身被毛发覆盖，这可以使自己的体温维持在一定的范围内，在任何时候都可以保持活跃的运动。不过，这对在季节变化大的地区生活的动物却是一种考验。如果穿着一身厚厚的冬装去迎接夏天，那势必会导致中暑甚至死亡。所以一些动物在冬天的时候会长出浓密的毛发，而在夏天则会脱去这身毛发以应对炎热。

换毛并不像换衣服那样轻松，它们通常要经历半个月左右的换毛期。在这段时间里，生活在北极圈的北极狐看起来一点儿也不像我们印象中的样子，从软绵绵的一身白向一身黑褐色转变，毛的颜色和长短也杂乱不一，看起来就像是个寒酸的流浪汉。

 要想变得像前辈北极熊那样恐怕还要花上数万年吧。

By 北极狐

纳米比亚变色龙

应对中暑的方式是变换身体的颜色，却更容易被天敌发现

说到变色龙，就能想到体色能够根据周围的树叶树枝产生变化的动物。变色龙因此可以悄悄地接近虫子而不被发现。不过，生活在非洲的纳米比亚变色龙比较特别，它们是唯一生活在沙漠中的变色龙，它们变色并不是为了狩猎，而是为了应对中暑。

在阳光直射的沙漠里，将身体变成白色可以更容易地反射光和热，而在背阴的地方将身体变成深色则更容易吸收热量。但是，一旦阳光只从右侧照射过来，它的身体右侧就会变成白色，而另一边还是深色，变得非常显眼，很容易就被天敌发现了。

 跑得太慢，在沙漠里抓虫子可真不容易！

By 纳米比亚变色龙

麝牛为了应对严寒而演化，却因为地球变暖而濒临灭绝

麝牛完全就是为了应对严寒而演化的，但却因为地球变暖而濒临灭绝。

小档案

麝牛

特点 孕期 8 个月

害怕 酷暑

喜好 有高山的雪白色

生活在靠近北极圈寒冷地带的麝牛是一种从冰河时期子遗下来的活化石，它们有许多隐藏的秘密武器来应对导致地球上许多动物灭绝的严寒。

它的全身覆盖长长的毛，就像穿了保温性极佳的长外套，即使是在 -40℃ 的暴风雪中也不会丢失体温。为了不让肌肤直接和冰雪接触，它的毛发可以一直遮挡住脚，就算是直接坐在雪地上，毛发卷折在地上就如同坐垫。不过，令人头疼的是麝牛这一身从冰河时期携带来的装备在现在地球不断变暖的趋势下成了多余的行李，适合它的栖息地也不断减少，所以它也濒临灭绝。

好不容易在冰河时期获得了御寒的装备，地球却越来越热了！

By 麝牛

红火蚁

在遭遇洪水时会组成竹筏阵形，位于『船底』的会被淹死

哇，好有意思啊!

唉……好苦啊!

蚂蚁是从蜂类演化而来的，所以无论是形态还是行为，蚂蚁与蜂类都很相近。每一窝蚂蚁都由一只可以产卵的蚁后以及一群维护整个蚁巢运转但没有生育能力的工蚁构成，它们有负责喂养后代、收集食物、警戒外敌等不同的分工。这些成千上万拥有血缘关系的工蚁集结在一起非常强大，依靠化学物质（费洛蒙）相互交流，它们可以搬运超大的食物，甚至在面对强大的敌人时也可以毫不犹豫地冲上去。

生活在南美洲的红火蚁有一种特别的行为。在红火蚁生活的草原上，常常有周期性洪水淹没巢穴的事情发生。红火蚁演化出了通过聚集在一起而越过洪水的能力。

一旦巢穴被洪水淹没，一群红火蚁便聚集在一起组成像竹筏一样的阵形漂在水上。由于蚂蚁的身体外面有一层蜡质，所以它们并不容易沉入水中，不过处于"蚂蚁竹筏"下面的蚂蚁由于一直被压在水中而无法呼吸，

小档案

红火蚁

特点 蚁后每天产 1500 枚卵

害怕 蚤蝇

喜好 红色

也会有溺死的状况。

　　红火蚁的工蚁有像蜂类一样的毒针，还会毁坏农作物，被人类称为最恐怖的蚂蚁。不过，红火蚁本身的天敌也有很多，蚤蝇、蜘蛛和其他种类的蚂蚁等，而对于原分布地的食蚁兽来说更是不可多得的大餐。

我也并不是无敌，毕竟还是有天敌的。

By 红火蚁

游隼
天上的猎豹

鸽子行动慢吞吞的，抓起来太轻松了。

游隼虽然是一种小型猛禽，但它们可以高速飞行，被称为天上的猎豹。它们背对着太阳飞行可以防止被猎物小鸟发现，锁定目标后从空中直接俯冲下来袭击小鸟，俯冲速度可以超过 300 千米 / 小时，被袭击的小鸟会由于瞬间的撞击而昏倒。

这种勇猛而华丽的空中战术令任何人都闻风丧胆，甚至连日本的战斗机都以"游隼"来命名。

游隼本身生活在森林中的高树或悬崖上，可以发现数千米之外的猎物。

不过，随着生态环境的恶化，游隼这样优秀的飞行员开始转场到城市中生活，在高层建筑上筑巢繁殖，城市公园里的鸽子也成了它们能轻而易举获得的食物。

小档案

游隼

特点 孵卵时间 30 天

害怕 比自己先从森林转战到城市中的乌鸦

喜好 新干线的深绿色

 我们变身成为城市男孩了。

By 游隼

藤壶
动物界中最宅的家伙，怎么还能到世界各地旅行？

我们不喜欢动来动去……只是搞错了落脚处～

小档案

藤壶

特点 不同种类的藤壶寿命在 1 至 50 年不等

害怕 疣荔枝螺、驱除藤壶的红色涂料

喜好 海岸岩石的颜色

去海边礁石区玩的时候，一定见过礁石上长着像富士山一样的生物——藤壶。藤壶实际上是虾蟹的近亲，它们真正的身体躲在那个像小山一样的壳中。藤壶算是动物界中最宅的动物，在退潮时连续几天都在紧闭的壳内躲避干旱，就连交配时也不从壳中出来，而是利用比自己身体长 8 倍以上的阴茎与其他个体交配，连对方长什么样儿都不知道就把孩子给生了。

藤壶可算是大门不出二门不迈的典范，但也有自己无法做主的无奈之事。幼年的藤壶过着浮游的生活，在找到一处合适固定的地点后便终生不再移动，有时候它们会将船底或鲸当成石头固定下来，然后被迫到世界各处旅行。

 偏爱鲸的藤壶种类则非鲸不选。

By 藤壶

丽金龟
长得好看，但因为与人类争夺食物而被嫌弃

日本的朋友们，我们在国外也会好好努力的！

丽金龟是一种身体圆圆的、表面有光泽的小型甲虫，比如日本丽金龟，体形小而样子可爱——受到威胁时会将后足上扬作为恐吓的姿势，但这样可爱的姿势完全不会让人感觉到害怕嘛！

日本丽金龟是日本的固有种类，英文名叫 Japanese beetle（日本甲虫），现在全世界都能找到它的踪迹，难道是因为如此可爱的行为而变得超有人气了吗？实则大大相反。

日本丽金龟喜欢吃人类喜欢的食物，它们会对200种以上的农作物造成危害。在没有丽金龟天敌的美国造成了严重的农业损失，它们现在被定为外来入侵生物而被嫌弃。

 因为是全球化社会嘛。

By 丽金龟

喜蛾 帅气的胶囊并不是自己的身体

小档案

喜蛾
特点 移动速度超慢（转木桶一样很慢）
害怕 鱼
喜好 不容易被发现的透明色

生活在深海中的喜蛾是一种体长 2 厘米、颜色透明的小型甲壳动物。它们的名字源于透明的胶囊，不过这个并不是它的身体，而是将海鞘的身体内部吃空后的结果，如果用"披着羊皮的狼"来形容喜蛾的话，倒不如说是"披着海鞘皮的虾"。

喜蛾游泳的姿势有点儿像街头的杂耍艺人在转大木桶。雌性的喜蛾在这个像木桶一样的皮内产卵，在卵即将孵化之时将它抛弃掉，也不将自己的才艺传授给下一代就独自离去。这些刚刚孵化的幼体什么也不懂，把这个木桶当成食物来吃。当它们长大之后，便能瞬间获得父辈们的才艺技能。

 从来没转过真正的大木桶。 By 喜蛾

拟柄突和平水母

在水族馆中偶然被发现，从来没人在大海中见过

我从哪里来，又到哪里去？

世界上有超过 3000 种水母，多数种类的水母身体是柔软而透明的胶质，身体 95% 以上都是水。水母的游泳能力很弱，在大海中随波逐流。即使如此，它却是一种凶猛的肉食动物，小虾、小鱼或其他浮游生物不小心碰到水母的触手时就会被毒液麻痹，然后被直接吞下。

在日本鸟羽水族馆的水族箱中偶然发现的一种谜一样的小型水母——于 1992 年被作为新物种发表的拟柄突和平水母，至今都未曾在自然界中发现。这种在水族馆中发现的谜一样的水母，真的生活在自然界的大海中吗？真是一种揭开一个谜团却又唤出另一个新谜团的水母啊！

 我的家乡在水族馆，现在居无定所，无业。

By 拟柄突和平水母

婆罗洲姬蛙在食虫植物中产卵育儿

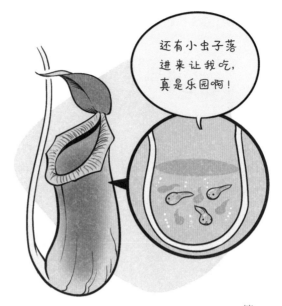

还有小虫子落进来让我吃，真是乐园啊！

婆罗洲姬蛙

特点 寿命 5 年

害怕 异常气候造成猪笼草枯死

喜好 植物的绿色

食虫植物是一类为了补给自身的营养而演化出肉食性的植物。猪笼草有一个筒状的捕虫袋，袋子里面会积存一些消化液，通过气味吸引虫子，虫子过来后会不小心滑落到捕虫袋内。大型的猪笼草有时甚至可以捉到老鼠。

科学家发现了在猪笼草的捕虫袋内产卵的蛙类新种——婆罗洲姬蛙。捕虫袋内的消化液由于雨水的积累而稀释，婆罗洲姬蛙就在这里产卵，直到蝌蚪长成成蛙后才离开。在猪笼草的捕虫袋内生活既可以避免被天敌发现，还有孑孓这类丰富的食物。不过，如果这棵猪笼草不幸枯萎死亡，那么捕虫袋中的蛙卵或蝌蚪也会全部死掉。

 我们的祖先到底为什么会选择这么一个危险的地方……

By 婆罗洲姬蛙

勇士的秘密
动物英雄传

验证那些在历史或小说中出现的英雄动物

实际上雉鸡……

幕后操纵者?

很厉害啊!

百事通：S氏

有许多动物被人类奉为英雄，让我们一起来追随这些动物英雄的光芒和身影吧。

桃太郎军团*真正的领导者是谁?

雉鸡在幕后暗自活动

为了对抗以大妖怪为首的凶恶武装集团，桃太郎集结了猴子、雉鸡和狗组成最强大的复仇者联盟，最终获得了完美的胜利。

能够将这三种动物一起驯养，证实了桃太郎是一名能力超强的驯兽员。

*《桃太郎》是日本著名民间故事，讲述从桃子里诞生的桃太郎，用糯米团子收容了小白狗、小猴子和雉鸡后，一起前往妖怪岛为民除害的故事。

如果没有我的话就不可能成功打赢。猴子和小狗只是常被人们挂在嘴边罢了。绝对的!

桃太郎也在……努力啊!

狗与猴子的聪明是众所周知的事情，实际上在心理层面，它们还不如鸟类中最有战斗力的雉鸡。在比自己强大的对手面前毫不退缩发起攻击的一定是雉鸡。

从性格相合角度上来讲，就像人们常说的"水火不容"一样，狗和猴子的交情一点儿也不好。去看看它们的能力和关系就会知道，桃太郎军团的领导实际上应该是雉鸡。

鸽子作为世界和平的象征，在许多国家的某些仪式中都有放飞鸽子的活动，公园中的鸽子也不会被随意地驱赶。由于没有人伤害它们，鸽子毫无戒备之心，它们喜欢聚集在人多的地方等着被喂食。

在每四年一次的世界最大盛会奥运会时，从世界各地而来的数万名观众聚集在体育场内，这里会不会有什么好吃的东西呢? 鸽子们正在寻找一个可以探寻到好吃的东西的瞭望台，对于鸽子来说，最好的地方正是耸立于体育场上的圣火台。面对举着圣火朝圣火台跑来的选手，鸽子无法

圣火台鸽子事件是怎么回事?

鸽子

作为和平的象征

却发生了大燃烧事件!

已经睡过多少个奥运会了……咕咕~咕!

理解这其中蕴含的意义,一动也不动。于是,点火……四年一次的圣火仪式上总是散落着烧熟的鸽子……我们只能祈祷下次别再发生这种事情。

驴嘴里竟然装了假牙!?

它实际上活跃于战场之上?

谁也无法战胜年老

战争中,驴常常被用来运输各种物资。有些驴会负责运输因战时猛兽处分*而死的动物尸体,在战后,这些驴则在动物园中供孩子们骑行娱乐。曾有一头战后被送到动物园的驴非常长寿,到了29岁时(相当于人90岁以上高龄),嘴里的牙齿都掉光了。于是,动物园开始给它安装假牙,在获得新"装备"——假牙后,它开始报复以前常常欺负自己的山羊。不过在一次咬山羊的时候,这头驴不小心摔倒最终死去。

* 战时猛兽处分:战争时期,出于防止动物园的猛兽逃脱发生伤人事件等目的,而对猛兽人为处死。

动物们飞向宇宙的道路并不平坦顺利。在人类乘坐火箭之前，常常要拿动物做多次实验。

1947年第一次被人类送入宇宙的动物是苍蝇。这些苍蝇在接受暴露于宇宙射线下的影响实验后安全回到地球。

1948年，一名叫作艾伯特的普通猕猴作为第一个宇宙飞行员乘坐火箭飞向太空，不过它最终因在飞行中窒息而亡。

第二年，艾伯特二世成功飞向太空，但在返回时因降落伞故障而死亡。在这之后，有

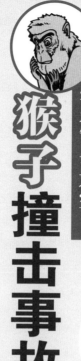

坐火箭去太空！

猴子撞击事故

如果那会儿我没摔倒的话，还能活一段时间呢。遗憾啊~

要是当时降落伞打开了，我也是英雄啊。唉……

许多只猴子都被人类送入了太空。直到1959年，猕猴"阿贝尔"和松鼠猴"贝克"乘坐的木星号火箭成功飞向宇宙，并在太空中飞行6分钟后安全返回了地球。

新宅老师的
《失败动物 Q&A》

Q 动物会说谎吗?

　　说谎的定义在动物行为学中,是指根据不同情况而有目的地发出一些错误信息的行为,需要一定的认知水平。而有一些动物会根据情况出现装死、装伤或假攻击等行为。另外,模拟身边的树叶迷惑天敌,不自觉地通过变化形态或花纹来达到干扰对手的目的等或许都可以称为广义的说谎。

Q 有没有用高级手段说谎的动物?

　　有的灵长类动物有与人类一样的高级说谎手段。比如,在日本猕猴的社会等级中,想要接近棘手的对手,它们会表现出惊讶的表情并装作看到远处有危险来临,一边和对方眼睛对视,一边装成什么也没察觉的样子,这些谎言与生死并无直接关系。

Q 有没有只有人类才能说的谎言?

　　并不是为了欺骗,只是不想让重要的人过于悲伤,或者即使知道是谎言也装作被骗的样子,是从人类温柔的一面而来的高级谎言。

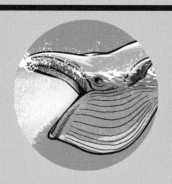

第 **3** 章

独特的饮食习惯！
真的很好吃吗？

食物篇

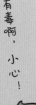

来吃各种奇怪的食物吧！试试味道怎么样……

章鱼

足部被袭击断了之后可以再生，但被自己咬断却无法再生

居然被袭击过这么多次！

我腕足的数量代表着我在战斗中拿过几枚勋章！

　　本自古就有食用章鱼的饮食传统，就像人们喜欢吃鱼和贝壳一样，章鱼也很受欢迎。但是在欧洲，人们并不太了解章鱼，一直以来都把它当成恶魔或妖怪的化身，他们相信许多导致翻船的海难事故都是因为水里巨大的章鱼造成的。确实，我们好像并没有在其他动物身上看到过类似的脚，也没有见过像章鱼这样奇怪的运动方式。不过，这些看似奇怪的脚上却藏着神奇的秘密呢！章鱼每根足的根部都有由神经细胞构成的神经节，换句话说就是它们的每个脚上都单独配置了一个大脑，因此它们的脚可以做出许多复杂的动作。另外，像其他软体动物一样，章鱼的身体里没有骨骼，它的脚很容易被切断，当它被鱼或者其他动物袭击时，可以主动切断自己的脚。刚刚被切断的脚还能活动一段时间，可以转移敌人的注意力。不过，它的脚拥有高性能的再生能力，在断开的位置会再长

小档案

章鱼
特点 寿命5年
害怕 海鳝
喜好 深色

动物·小·剧场

章鱼——海洋中的忍者

3

独特的饮食习惯！真的很好吃吗？

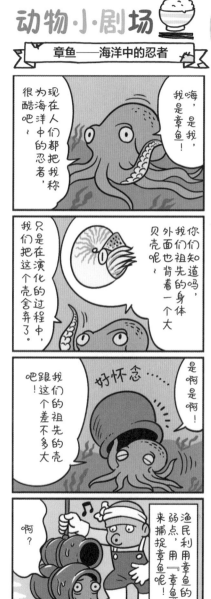

嗨，是我，我是章鱼！

现在人们都把我称为海洋中的忍者，很酷吧～

你们知道吗？我们的祖先的身体外面也背着一个大贝壳呢～

只是在演化的过程中，我们把这个壳舍弃了。

好怀念……

是啊是啊

跟我们这个差不多大的祖先的壳吧！

啊？

渔民利用章鱼的这个弱点，用『章鱼罐』来捕捉章鱼呢！

出两条小脚。

因此，被袭击次数越多的章鱼，它们脚末端分支的数量也就越多，曾经有一只章鱼被发现一共有96条再生足。人们开始争论章鱼"到底是强大还是很弱小呢"，不过如果因为压力原因使章鱼咬掉了自己的脚，那可就不能再生了。

我们是软体动物，蚬子和蛤仔都是我们亲戚。

By 章鱼

长颈鹿
动物界中最大的呕吐动物

咕哝咕哝，呕！

长颈鹿
特点 吃饭要用18个小时
害怕 没有高树的地方
喜好 树皮色

在食草动物中，牛一类的偶蹄动物有着有趣的消化食物的方法。它们先急忙忙把一堆食物吃到胃中，然后在没有天敌的安全之处再慢慢重新咀嚼。

这个看起来有点儿让人恶心的呕吐的动作，叫作"反刍"——将没有消化的食物从胃中重新返回到嘴里细细咀嚼。反刍动物有四个胃，它们有非常强大的能力能将植物完全消化并吸收其中的营养能量。

长颈鹿是最大的反刍动物，胃到嘴的距离超过2米，在反刍的时候会看到它们脖子上有一个球状的"呕吐物"向头的方向运动。

 所以我们可不是在呕吐哦！ By 长颈鹿

食蟹海豹实际上并不爱吃螃蟹

我们不吃螃蟹！谁给我们起了这么个鬼名字？

食蟹猴 食蟹狐

食蟹浣熊

食蟹海豹

小档案

食蟹海豹
特点 哺乳时间一个月
害怕 粗暴的豹海豹
喜好 暗褐色

生活在南极周边的食蟹海豹是南半球为数不多的海豹。通过它们的名字我们可以联想到，它们一定很爱吃螃蟹，但实际上并不是。名字中"食蟹"源于它们舌头的颜色和螃蟹很像，却被错误地理解成了爱吃螃蟹的海豹。食蟹海豹的主要食物是生活于大洋表面的磷虾，它们牙齿间特有的缝隙就是专门用于滤食磷虾的。

同样以磷虾为主要食物的鲸由于受到人类乱捕而数量下降，没有了竞争对手的食蟹海豹独享磷虾大餐，所以种群数量暴增，变成海豹中种群数量最多的种类。

大多数以"食蟹××"为名的动物其实都不吃螃蟹，只是一直被误解罢了。

 虽然我们被说成是"食蟹"的，但……

By 食蟹海豹

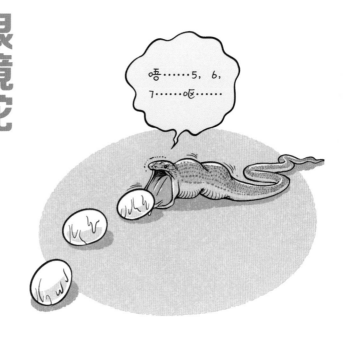

眼镜蛇吃掉最喜欢的鸟蛋后又会把它吐出来

唔……5, 6, 7……咔……

蛇是从蜥蜴演化而来的一个类群, 相比蜥蜴短小的四肢, 没有脚的蛇通过蠕动身体爬行得更快。但因为没有四肢, 所以它们没有办法抓住东西或者站起来, 在捕食上面就必须多花心思了。

一些以老鼠等哺乳动物为食的蛇类拥有探测热量的能力 (颊窝), 而抓鱼的蛇则拥有更适合游泳的体形, 还有一些没有巨大身体和强大绞杀能力的蛇则有着发达的毒腺。它们的食性也相当多样, 有的专门吃蛇, 有的专门以蚯蚓和白蚁为食。

虽然不同种类的蛇喜欢吃的东西不太一样, 但许多蛇都有一个共同的食物——鸟蛋, 营养丰富并且毫不费力地张大嘴巴就能直接吃掉。鸟蛋的结构很特别, 通过外力很难将它打破, 蛇将鸟蛋吞下后会依靠喉部的骨骼将它挤破, 然后再将不能消化的蛋壳吐出来。有时候会看到蛇进了养鸡场

眼镜蛇

特点 耍蛇人的音乐通常有 7 分钟
害怕 纠缠不休的动物
喜好 蛇纹色

偷鸡蛋吃，贪婪的蛇想把它们全都吞下去，却因为一次吞得太多而不得不又吐出来。

动物小·剧场

蛇王喜欢的食物

独特的饮食习惯！真的很好吃吗？

太容易吃了，结果一个接着一个的就吃多了……

By 眼镜蛇

耐金属贪铜菌
以自然界中最毒的东西为食，拉出纯金的便便

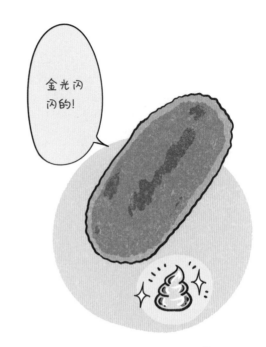

金光闪闪的!

小档案

耐金属贪铜菌

特点 吃完东西要一周时间才能拉出便便

害怕 重金属反应

喜好 闪耀的黄金

在古代和中世纪时期，谁都幻想着拥有炼金术一样的能力——通过化学手段就能将普通的物质变成闪闪发光的金子。这在之后真的实现了!

但这必须靠耐金属贪铜菌。美国微生物专家研究发现，这种细菌可以将自然界中有剧毒的氯化金吃掉，经过 1 周左右的时间就能拉出纯 24K 的黄金。也就是说，这种细菌可以吃了剧毒食物后不死，还能拉出纯金的便便。

不过，虽然它的便便是纯度很高的黄金，但实在太小了，在实用层面反而很不划算……

 你们居然拉不出黄金便便，真是不可思议!

By 耐金属贪铜菌

泰坦尼克盐单胞菌是一种可以吃铁的细菌

铁最好吃了～
用我的嘴巴熔化它吧！

小档案

泰坦尼克盐单胞菌

特点 『泰坦尼克』号够我们吃上30年

害怕 铜还有锌合金

喜好 金属色

19 12年，豪华客轮"泰坦尼克"号在第一次航海中因为撞到冰山而沉没。根据近些年的调查，人们发现它沉没在了水下3800米处，2010年人们从沉船上提取了一些冰柱状的铁锈样本，从中发现了一种充满谜团的细菌。

因为是在"泰坦尼克"号上发现的，人们将这种细菌命名为泰坦尼克盐单胞菌。这种铁氧化菌能够将铁氧化，再将它变成能量来源。对于这种铁氧化菌来说，因为事故而沉没的重达5万吨的"泰坦尼克"号无非就是一顿大餐吧。这种细菌平时生活在哪里，除了铁之外它们还吃什么，以及关于它的一些生态习性至今仍然未解。

电影《泰坦尼克》中的场景太美了！

By 泰坦尼克盐单胞菌

银板鱼把男人的蛋蛋误当成果实咬

其实，我并不想吃你的蛋蛋啊……

哆嗦！

小档案

银板鱼

特点 寿命 20 年

害怕 非常怕冷

喜好 发红的颜色

在原产于南美洲亚马孙河的银板鱼身上有一个非常恐怖的传说：传言它会将男人的蛋蛋咬下来吃掉，因此又被称为"食蛋鱼"。

实际上，虽然银板鱼也属于锯脂鲤科，但它性格温和且胆小，很少吃肉，它们最喜欢把果实当成甜点，一旦有熟透的果子掉到水面上，它们就会猛扑过去。它们没有水虎鱼那样可以撕裂肉的锋利牙齿，而是有着像人类一样的牙齿，能够磨碎坚硬食物。或许它是把人的蛋蛋当成了植物果实才会去咬吧。这种鱼在原产地被当成食用鱼，所以说真正被袭击的应该是银板鱼才对嘛！

 不好意思，不好意思……搞错了。

By 银板鱼

琉球钝头蛇 只能吃右旋蜗牛

琉球钝头蛇只能吃右旋蜗牛。

小档案

琉球钝头蛇
特点 90 秒吃完一只蜗牛
害怕 西表山猫
喜好 土黄色

蛇类在演化上的多样性是非常独特的，比如说生活在日本西南诸岛的一种世界上非常稀有的特有种类——琉球钝头蛇。琉球钝头蛇身体长 60 厘米左右，由于它们背部隆起，所以在日语里它们的名字叫"背高蛇"，最有意思的是它们专门以蜗牛为食。

蜗牛作为一种陆生贝类，种类非常丰富，多数蜗牛的壳都是向右旋转的。为了能够吃到右旋蜗牛，钝头蛇的右侧牙齿有 25 颗，左侧有 18 颗，它们沿着壳的边缘就能轻易把躲在壳里的蜗牛肉吃掉。琉球钝头蛇是个大吃货，一天可以吃掉四五只蜗牛，有的时候会饥不择食，但找到一只左旋蜗牛时就无力应对了。

 虽然我没有手但还是被称为右撇子。 By 琉球钝头蛇

切叶蚁

很弱小，会种蘑菇

还是用我们自己收获来的菌子喂孩子吧，安全又放心。

生活在中南美洲的切叶蚁是种类繁多的蚂蚁中很特别的一种蚂蚁。蚂蚁和很多蜂类都是社会性昆虫，它们在任务上有着非常严格的分工——有的负责劳动，有的负责寻找食物，有的负责保护蚁巢，还有的负责喂养后代，而在切叶蚁中还有一类工作是种地。

负责种地的切叶蚁的颚像一把专门修剪树枝的钳子，可以用来切断树叶，它们在兵蚁的守护下将这些树叶送到组培室，然后在这些叶子上撒上菌种。它们将营养耗尽的旧叶子换成新叶子，甚至还将巢中的老弱病残也送到这里当作培养蘑菇的营养源。

 不能干活儿的家伙，就只能把它们吃掉了。

By 切叶蚁

蓝鲸
每天要摄取的热量相当于人的 750 倍

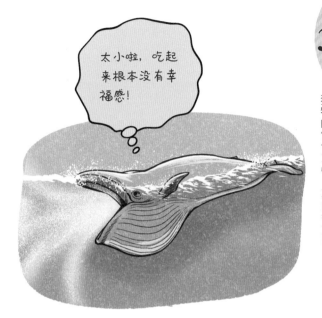

太小啦，吃起来根本没有幸福感！

小档案

蓝鲸
特点 3 秒便可以排出长达 7 米的粉色液态便便
害怕 虎鲸、鲨鱼
喜好 浅粉色

蓝鲸是恐龙灭绝后地球上最大的动物，最大的蓝鲸体长可超过 30 米，平均体重超过 100 吨，相当于一栋 10 层的小楼，它转起身来很不灵活，没有办法捕捉鱼或鱿鱼等海洋动物，只能以漂浮于海面的磷虾为食。

蓝鲸吃饭的样子相当豪放。它们没有沉重的牙齿，下颌是非常轻的软骨，因此嘴巴可以张得非常大，一口可以吞下 100 吨海水，这其中有 500 公斤的磷虾也会被吞下，然后它们再将水吐出去。一头蓝鲸每天需要 150 万千卡的热量，相当于人所需热量的 750 倍！所以它们根本没时间慢慢品味美食。

没时间考虑味道好不好。 By 蓝鲸

狼崽
断奶后的第一餐是妈妈的呕吐物

妈妈，给我点儿，给我点儿嘛!

小档案

狼

特点 驯化成吉娃娃用了2万年

害怕 不想被狗传染疾病

喜好 像皮毛一样的灰色

狼是最强的军团，它们可以通过团队作战拿下比自己还大的猎物。狼的自尊心强、眼神锐利、身材精练，是帅气的食肉动物代表。

它们在养育后代时一定也很帅气吧? 算了吧。幼狼刚刚断奶后准备开始吃肉时，还不能把猎物的皮撕开，也不能将肉咬成小块吃下去。所以亲狼即使肚子不饿也会把猎物吃干净，让食物在自己的胃中消化一下变得柔软一些后再吐出来喂幼狼吃。家中的小狗在跟主人撒娇时喜欢舔主人嘴巴的周围便是这种行为的残留。

说真的，好累啊……   By 狼

野猪

就连有剧毒的乌头都能当成美食吃掉

只要有吃的就好……咕哧咕哧。

小档案

野猪

特点 每隔 4 个月怀一胎

害怕 折叠伞（打开的一瞬间能吓一跳）

喜好 成熟的颜色

家猪经常会吃一些很奇怪的东西，就连人的剩饭都吃。但是家猪并不是野生动物，它是野猪经过人为驯化改良后的品种，不过家猪和野猪基本可以算是同一个物种。

在吃上面，野猪比家猪更胜一筹，植物的根茎叶、橡子、青蛙、蛇以及动物尸体都是它的大餐，就连有剧毒的乌头或一些含有氰化物的植物都不拒绝，它们通过喝温泉水或吃泥土来中和毒素。日本福岛核电站爆炸后，就连含有 5 万贝克勒尔放射性物质的蘑菇野猪也不会放过。

这个有着短粗脖子的家伙只顾着一个劲儿地吃，甚至撑到吐出来之后还会继续美滋滋地吃回去。

 就连自己的呕吐物也觉得很好吃呢。

By 野猪

尖嘴地雀竟然偷偷地喝鲜血

好想喝新鲜的血液……

血液的营养非常丰富，因此演化出了很多小型吸血动物，它们以动物血液这种可以轻易大量获取的东西作为食物。但是，血液不仅有传播疾病的风险，在比自己大的动物身上吸血还有丢失性命的风险，所以吸血动物大都采用偷偷摸摸的狡猾策略。

鸟类中，尖嘴地雀是唯一一种以血液为主要食物的鸟。它们与同伴相互合作，趁着比自己大许多的褐鲣鸟休息的时候，绕到其背后，一只在褐鲣鸟的翅膀根部啄出一个伤口，另一只则在后面吸血。它们还会先后轮流交换角色，静悄悄地偷喝褐鲣鸟的血。如果同伴死了，它们也会毫不犹豫地去吸死去同伴的血。

蚊子这帮家伙是平时只敢吸食花蜜的懦弱者。

By 尖嘴地雀

日复一日，羽毛逐渐变白了……

还想多喝几口奶!

火烈鸟 喂养后代时身体颜色会慢慢变白

独特的饮食习惯！真的很好吃吗？

3

火烈鸟在动物园里是非常受欢迎的动物，粉色的身体是它最具代表性的特征，就连它们的学名在拉丁语中的意思都是"火红色"。其实刚刚出生的雏鸟是灰色的。但它们身体的颜色跟食物有关，在摄取了蓝藻等藻类后，将食物中的色素转换到羽毛中。

火烈鸟还是鸟类中非常少见的用奶水喂养后代的鸟。鸟类没有乳房，它们在嗉囊中制造奶水，然后用嘴来喂给雏鸟，所以雄鸟也可以制造出奶水，两只亲鸟会细心地共同抚养它们的独生子。火烈鸟的奶水是粉色的，这是由于奶水分解了身体的一部分成分，随着不断地喝奶水，雏鸟的体色慢慢地变成粉色，而亲鸟的体色会逐渐褪去，变成白色。

小档案

火烈鸟
特点 寿命 50 年
害怕 貂
喜好 粉色

 白色不受欢迎，明天就不养孩子了，得调养身体。 By 火烈鸟

107

蝙蝠
怎么演化也打败不了蛾子

蛾子！讨厌的家伙，干掉你······

哺乳动物中演化出了可以扇动翅膀在天空中飞翔的蝙蝠。但哺乳动物像鸟类一样在天空中飞，就会受到身体骨骼和肌肉重量的制约，为了达到减重的目的，蝙蝠的脚就不能再行走，也不能再爬树，只能用爪子倒挂在物体上。虽然蝙蝠是一类很早就演化出飞行能力的哺乳动物，但直到现在还没有发现它们祖先的化石，所以为什么它们会拥有飞行的能力至今还是一个谜。

有人认为它们是为了捕捉能够飞行的昆虫才演化出飞行能力的。早期的蝙蝠主要依靠视觉来捕捉猎物，但为了躲避白天的天敌，许多昆虫转为夜晚活动。由于晚上不能再通过视力来寻找猎物，蝙蝠便获得了新的装备——超声波。这是一种人耳无法听到的高频率超声波，通过喉部发出，超声波遇到物体后会反射回来再被耳朵接收，就可以寻找到空中的物体了，

所以蝙蝠在漆黑的洞穴中也不会撞到岩壁或者同伴，还能轻易地抓到飞行的昆虫。

为了躲避蝙蝠的追击，一些蛾子演化出感受到蝙蝠的超声波后就迅速逃跑的行为，一些蜉蝣甚至还能够发出妨碍超声波来吓唬蝙蝠。蝙蝠与昆虫的装备都在逐渐升级，到底谁才是这场演化战争中的胜利者呢？

不能输在演化手段发明上！

By 蝙蝠

棱皮龟

由于误将塑料袋当水母吞食，濒临灭绝

不要再向大海里扔垃圾了。

棱皮龟是现生最大的海龟，它们的龟壳最长可达190厘米，体重超过 900 公斤。捕捉饲养棱皮龟非常困难，关于它们的许多习性仍然是个谜。海龟的龟壳很轻，游泳速度能够达到 24 千米 / 小时，柔软的龟壳也是为了能适应在深水中的活动。海龟也是爬行动物，而它的心脏也为此演化出可以维持恒温的能力。

想必集合了如此多高性能装备的棱皮龟一定是一位捕猎高手吧？但其实它的主要食物是在大海中随波逐流的水母——身体超过 95% 以上都是水，能量非常低。棱皮龟每次可以憋气 70 分钟潜到 1200 米深的水下捕食水母。近年来随着海洋垃圾的增加，误把塑料袋当成水母吃掉的棱皮龟因此死亡事件也在逐渐增多，它们现在濒临灭绝。

小档案

棱皮龟

特点 一次憋气可以在水下待 70 分钟

害怕 看起来像水母一样的塑胶袋

喜好 有透明质感的物体

虽然常有一些传言，但我们真不能一口气憋 5 个月。

By 棱皮龟

美洲花鼠
冬眠时会偷偷地吃夜宵

只要有橡果，其他的佳肴就都无所谓啦！

在宠物中也很受欢迎的美洲花鼠分布于北美和东亚四季分明的森林中，在日本，它们生活在北海道。不同地区的美洲花鼠有的需要冬眠而有的则不需要。美洲花鼠每天要在窝里睡上 15 个小时，不过冬眠的时候它们睡得并不深，差不多每周都要醒一次。冬天的时候如果肚子饿了，外面是找不到食物的，所以秋天它们会收集很多橡果储存起来做夜宵。

美洲花鼠把橡果装入颊囊中然后带回巢穴。它们吃橡果的时候非常讲究，要先把橡果转一圈，把外面的土或污垢去除干净再吃。有时候即使边上有许多橡果，但它们为了一颗干净得发亮的橡果也会与对手大打一架。

小档案

美洲花鼠
特点 哺乳期 2 个月
害怕 蛇
喜好 纵纹色

 打磨橡果也是我的乐趣之一。 By 美洲花鼠

111

皮蠹

在人类家庭中惹人厌烦

我只是什么都吃罢了……唉!

小档案

皮蠹

特点 幼虫期 300~600 天

害怕 驱虫剂

喜好 丝绸的颜色

　　即便没有听说过皮蠹——一种体长只有 3 毫米的小甲虫,但或许你在家里的储物室中就能找到它。皮蠹的幼虫以丝绸或毛线为食,一些高级服装正是它们的目标。一些专门用作收纳的小型衣柜就是为了防止衣服被皮蠹啃食而制造的产物。虽然在家庭中皮蠹非常惹人讨厌,但在其他一些地方皮蠹却成了好帮手。

　　这就是博物馆。皮蠹可以将脊椎动物的干燥尸体处理成骨骼标本,它们只吃动物的皮毛等蛋白组织,对骨骼不理不睬,所以当一具动物尸体放在那里任由皮蠹们啃食,最后就会变成骨骼标本。因此博物馆中世代饲养着这些能够把标本处理得干干净净的精英。

 我们在博物馆可是正式员工。

By 皮蠹

独角仙
幼虫最喜欢便便

啊，美味啊~

小档案

独角仙
特点 幼虫期 210 天
害怕 乌鸦
喜好 可以融入树木的黑色

独角仙是孩子们最喜欢的昆虫。在许多观光客眼中，独角仙也成了代表日本的人气昆虫，它的魅力在于拥有勇猛的犄角和沉重的身体。在独角仙爱好者眼里，独角仙越大越值钱。那么独角仙是怎么长大的呢？

昆虫的身体有一层外骨骼，到了成虫期就不会再长大了，哪怕只是 1 毫米，所以如果想要养出大个子的独角仙，就必须在它幼虫时期就照顾好它。想要养好幼虫，有容易摄取的食物非常重要。农村堆肥的牛粪里有许多大个的幼虫，这些牛粪在发酵过程中可以给幼虫提供热量，而粪便中没有消化干净的草料对幼虫来说是最好的营养。

 粪金龟和我们也是亲戚哟！

By 独角仙

失财
动物

动物园的秘密

内部消息

设施篇

百事通：S氏

揭开动物园里那些谜一样的设施的秘密

对于动物园饲养动物的一些实际情况，现在还不太清楚。我们通过动物园的工作人员获得的一些材料来一探究竟。

100公斤

回收

再利用！

的大象便便被送到何处？

还有这些东西？

大象便便的去向是？

饲养员在打扫兽舍时，必须对动物的排泄物进行细致的观察，"是不是每次都在同一地点排泄？""和昨天的排泄量是否一样？""颜色和形状有什么差异？""气

114

关于便便的去向，我不发表评论。

味有什么变化？"等等，这些排泄物是非常重要的信息源，通过这些可以知道动物们的健康状况，因为动物不会说话，所以如果错过一些信息可能会酿成大错。

不过，在确定完这些信息后，便便就可以被清除掉了。可是，一头大象一天要拉100公斤的便便，所以饲养员用推土机将大象的便便收集起来运走，可以作为优质的肥料循环利用和研究。说不定在我们身边就有用大象便便进行种植的植物呢。

大猩猩的尿不能丢掉？

为了健康，所以要验尿？

在动物园，像户外运动场这些地方很容易因为粪便或尿液的污染而成为病原菌滋生的场所，如果地面用土建造的话不容易做消毒卫生工作，所以为了保持卫生环境一般会用混凝土来建造地面。

在这之中，有为了动物的繁殖而设计的防止尿液渗入的防水地材。像大猩猩还有大熊猫这样的濒危动物，兽舍都使用了这种材料，然后每天用吸管回收地面上的尿液，这是为了测定地面上积存的尿液中荷尔蒙的数值。这些尿液，可以确定动物的生理期，这可以用于后面的繁殖计划及怀孕确认。

偶尔，我也会自己踏到自己的尿……

没有护栏不会逃跑吗？

各种鸟不能飞的秘密！

不能飞的鸟还是鸟吗？

饲养鸟类是非常考验饲养员的能力与水平的。鸟在受到大的惊吓时就会四处乱撞，有可能会把翅膀弄断，这样就没办法再飞了。另外，不同种类的鸟在不同大小的空间中才能保持平静，高度、宽度、角度以及明暗度等空间设置会根据鸟的种类不同做相应的细微调整。

也就是说，对于鸟类饲养员，他必须掌握各种鸟的知识，还要在打扫鸟舍或喂食的时候保持安静，保证不会打扰到鸟。

不过，像鹤、鸭等鸟类会在室外没有顶棚的地方展示，它们为什么不会飞跑呢？

实际上，因为它们的飞羽被切断了一些，所以不能再飞翔了。如果两边翅膀的飞羽都剪去一点的话，虽然飞行能力会减弱但还是可以飞起来，而如果只把一侧翅膀的飞羽切去一点，由于无法保持平衡，

没办法保持左右平衡，就不能顺利地飞起来了。

鸟就没办法再飞起来。将它们养在狭小的空间里虽然能够让它们飞翔，但可能产生伤害。而羽毛像毛发一样是可以再生的，所以对鸟来讲很安全。

伪装杂技

这不是杂技吗？

亚洲象的

在亚洲象展示区，可以看到饲养员骑在大象的背上，大象会根据口令做出抬起鼻子、躺下等像马戏团表演里的动作。不过，这并不是在让大象表演杂技。

作为陆地上最重的动物，想要控制它们是很难的。因此，为了培养大象与饲养员之间的信赖关系，让大象依据命令来做出相应动作只是日常训练。

让大象做出这些行为也是为了它的健康诊断，比如让大象抬起鼻子，是为了检查它的嘴巴，而躺下则是为了检查它背后的伤口。

我本来是打算表演杂技的，原来还有其他目的啊!

新宅老师的
《失败动物 Q&A》

生死篇

Q 动物为了什么而活?

　　虽然人们常常讲：动物是为了把自己的基因遗传下去，但大家每天是不是也是遵循这样的想法而活呢? 我想动物也一样，在不安或开心中度过每一天。

Q 那些不能留下后代的生物的任务是什么?

　　并非所有的生物都会留下后代。我们想一下，对于每一个个体来讲，"生殖"是最重要的事情吗? 蜜蜂中有 99% 的个体都是没有生殖能力的，但一样为了整体族群的延续而担当不同的角色，所有的成员都在尽力地投入自己的一生。

Q 动物会自杀吗?

　　动物不会有像人类那样因为活着太艰辛而杀掉自己的行为。目前人们目击过的动物自杀事件也只能作为事故来进行解释，所以自杀是人类仅有的特殊行为。人类的自杀，受到文化和教育的影响很大，这并不是人与生俱来的本能。

第 **4** 章

好怪异！
虽然不怎么帅吧……

形态篇

力所以！
当成它的魅
缺点也可以

外形怪异的动物很多。很可爱，也很酷！

华丽琴鸟
会模仿各种声音

呜——呜——
呜——呜——
琴鸟在此,吵架
一流,请多关照!

华丽琴鸟

特点 在澳大利亚生活了 150 万年

害怕 猛禽

喜好 浮夸的设计

生活于澳大利亚的华丽琴鸟,体长 80 厘米,而它的尾羽就长达 70 厘米。它的名字就来源于雄性的尾羽,当尾羽向上抬起的时候,蕾丝般的羽毛看起来就像是竖琴的琴弦。华丽琴鸟的求偶行为很独特,雄鸟会用收集的落叶堆成一个 1 米高的落叶堆,然后站在树枝上骄傲地抬起自己的尾羽发出求偶的声音。

除了本身的叫声外,华丽琴鸟还能发出学到的各种声音,比如附近工地的锯链声、游客照相机的快门声、电子游戏的嗞嗞声、小孩子的哭声等。华丽琴鸟能把它听到的声音全都惟妙惟肖地模仿出来,甚至连飙车党的摩托车发动的声音都能模仿出来。

 我只是想引人注目而已。

By 华丽琴鸟

秦岭羚牛
身上闪耀着金黄色，摸起来却都是黏糊糊的油脂

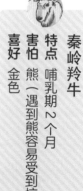

秦岭羚牛

特点 哺乳期 2 个月

害怕 熊（遇到熊容易受到惊吓）

喜好 金色

生活在中国的秦岭羚牛跟鬣羚有着相似的生态习性，都往返于海拔 4000 米的高山与山谷间。在中国，秦岭羚牛和大熊猫一样都是濒临灭绝的国家一级保护动物。它作为希腊神话中被不眠之龙保护的珍宝"金羊毛"的原型，自古以来都让世界各地的人们为之迷恋。

不过，羚牛的金毛和人类的金发并不一样。生活在高山上的羚牛为了应对寒冷，演化出了让皮肤内分泌出的油脂粘到毛上的方式，来维持自己的体温。那些看起来金光闪闪的毛发，其实都是油脂的颜色，摸起来黏糊糊的，而且还有一种难闻的油脂味道。

虽然我们是羊，但身上油乎乎的。

By 秦岭羚牛

猩猩
对自己的床非常讲究

今天搭的这张床还算不错啦！

灵长类动物的生活起源于树上，它们的眼睛在面部正前方，在树枝间穿梭时可以更迅速地判断下一根树枝的距离。灵长类动物的大拇指和其他四根手指相对时，能够更好地抓住树枝，以免从树上掉下去。

不过，在演化的过程中，很多灵长类动物在地面上活动的时间多了起来。像大型类人猿中的大猩猩、黑猩猩还有倭黑猩猩会经常在地上活动、徘徊。

在地面上活动的类人猿睡觉时仍然要回到树上，它们每天活动后会用树枝和树叶搭建成像鸟巢一样的睡床。对于搭建睡床这种工作，每种类人猿的性格都不一样，有的花费的功夫多，睡床的样式也多种多样，有的就潦潦草草的。

小档案

猩猩

特点 与人类在 1400 万年前分开

害怕 不想被淋湿

喜好 看起来成熟一点的颜色

动物·小·剧场

4

猩猩打伞

好怪异！虽然不怎么帅吧……

对睡床要求非常讲究的猩猩会根据树枝的粗细和弯曲度来调整睡床的弹性，它们还会把喜欢吃的水果放在睡床的枕边。不过睡前吃这么多甜品的话，会不会变得太胖呢？

 有时候我很懒，一天只移动一米。

By 猩猩

树袋熊

育儿袋朝下，宝宝露出脑袋像拉屎屎

不是屁屁啦！

　　有袋类是非常原始的哺乳动物，它们不像其他哺乳动物的幼崽会在雌性腹中长成后才被生出来，有袋动物的后代都是豆子大小的早产儿，需要把它们放到育儿袋中抚育。育儿袋中有乳头，幼崽就在育儿袋中靠吸吮母乳长大。

　　袋熊生活在地下挖的洞里，为了防止育儿袋里进土，它们和袋鼠的育儿袋开口相反——开口朝下。而树袋熊生活在树上，虽然与袋熊的生活方式不同，但是它们的育儿袋也保留了和祖先一样开口朝下的样式。当幼崽的脑袋从妈妈的大腿间慢慢地钻出来时，可不要把它当成屎屁屁哦！

 小树袋熊会吃妈妈的屎屁屁哟！

By 树袋熊

124

狮子
雄狮见到雌狮会露出妩媚的笑容

嘿嘿嘿!

好怪异!虽然不怎么帅吧……

狮子

特点 繁殖期每 15 分钟交配一次

害怕 脸上的苍蝇

喜好 黑白纵纹

想要成为百兽之王，没点儿实绩是不行的。成绩不单是体现在体形大小和能力强度上，还须有更富魅力的品德及荣耀。

狮子是猫科动物中体形最大的动物，拥有能够扑倒比自己还大的猎物的能力。狮子性格暴躁，眼神锐利，还有着象征王者的鬃毛。无论什么动物见到狮子无一例外都会逃跑，它是真正的百兽之王。

但就是这种被赞誉为最强者的雄狮，在遇到自己喜欢的雌性时竟然会露出咪咪笑的怪异表情。当它闻到雌性的尿液后，更加会显现出那没出息的表情（裂唇嗅反应），这让百兽之王的光辉形象荡然无存。

 我可不是在笑，也不知为什么就变得这么妩媚了。

By 狮子

大帛斑蝶

它的蛹金光闪闪，但成虫却像旧报纸一样朴素

> 毕竟是蝴蝶嘛！还是金闪闪的比较漂亮~

蝴蝶的幼虫行动缓慢，而蛹是不会动的，它们的颜色或形态能够融入周围的环境中，而成虫需要求偶交配，所以通常有着美丽的斑纹、艳丽的色彩。

但是生活在日本冲绳地区的大帛斑蝶却不太一样。它的幼虫由于在体内积累了毒素，所以呈现出黑色，而蛹不知道为什么就会变得金光闪闪！看起来就像一个小金球一样倒挂着。而在最重要的求偶期，成虫身上却只是黑白两色的朴素斑纹。大帛斑蝶是日本体形最大的蝴蝶，翅展 13 厘米，它朴素的样子飞起来的时候就像是旧报纸被吹到了天上一样，因此在日本它们也叫"报纸蝶"。

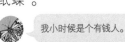 我小时候是个有钱人。By 大帛斑蝶

小档案

大帛斑蝶

特点 蛹期夏季 1 周，冬季 1 个月
害怕 蛹期被蚂蚁袭击
喜好 金色

126

这样忽悠不会被吃了吧?

凤蝶
幼虫为了躲避小鸟模仿成便便的样子

好怪异!虽然不怎么帅吧……

小档案

凤蝶
特点 拟态鸟粪的低龄幼虫 2~3 周
害怕 遇到任何小鸟都不是好事情
喜好 绿色

昆虫的天敌很多,为了避免被发现,它们在身体的形态上下了很大功夫,比如让身体的颜色和质感融入周围的环境,或者干脆模仿成天敌的样子。

凤蝶的天敌是小鸟,而小鸟的天敌是蛇,因此凤蝶的幼虫胸部会有两个像眼睛模样的斑纹,在受到威胁时会像蛇一样抬起头来,还会伸出两根臭丫腺像蛇一样吐舌头。

不过低龄幼虫并不能模仿蛇,为了防止被小鸟吃掉,它们干脆模仿成鸟粪的样子,让小鸟忽视自己的存在。

 也有选择在长大后拟态鸟粪的。 By 凤蝶

127

响尾蛇
「响尾」是蜕皮后的旧皮

不要过来！嘎啦嘎啦～

响尾蛇是北美洲最有代表性的毒蛇，与蝮蛇一样，它有由唾液腺演化过来的出血毒。响尾蛇的毒液能够溶解肌肉并产生剧烈的疼痛感，即使保住了性命也会留下肌肉坏死等严重的后遗症。就连美国西部片中强壮的牛仔也很惧怕响尾蛇。

其实响尾蛇非常胆小，在受到威胁时不会直接攻击敌人，而是会振动自己的尾尖发出"嘎啦嘎啦"的声音，连哄小孩儿都算不上，它只是拼命请求敌人"拜托了，走开"。所以如果敌人被吓到逃跑的话，就不会受到响尾蛇的攻击。

响尾蛇的尾尖上能够发出"嘎啦嘎啦"声的实际原因是，那是它们每次蜕皮后残留下来的旧皮而已。

小档案

响尾蛇
特点 尾尖一秒钟可以振动 50 下
害怕 被放生的孔雀
喜好 老鼠的颜色（响尾蛇喜欢老鼠）

 其实别的蛇也会振动尾巴。

By 响尾蛇

小熊猫
便便是彩色的

今天尼尼的颜色好漂亮……

好怪异！虽然不怎么帅吧……

小熊猫

特点 哺乳期5个月

害怕 雪豹

喜好 竹子的颜色

小熊猫明明是最先被人类发现的熊猫，却被后来发现的大熊猫夺去人气。不过，小熊猫在日本还是很受欢迎的，全世界的动物园中圈养着800头小熊猫，其中有200头都在日本，占了四分之一的数量。无论是从遗传学还是从骨骼方面比较，小熊猫与其他哺乳动物之间存在着很大的差异，因此对于小熊猫的哺乳动物种类归属一直存在争论。从遗传学角度来说，它与熊科的大熊猫相差甚远，被划分到小熊猫科，但由于它具备后两足能长时间行走的骨骼特点，又很像浣熊科。

小熊猫是食肉动物，因此肠道很短，即使能够吃一些竹叶或葡萄等植物也不能完全消化，于是当它吃了竹子就会拉绿色的屁屁，吃了葡萄就拉紫色的屁屁。

 好漂亮的颜色，还想再吃一次！

By 小熊猫

美洲野牛
把尿液涂在身上，以展现自己的男子气概

身为男生更要注意"修边幅"！

美洲野牛

特点 寿命 40 年
害怕 狼
喜好 浓茶色

在北美洲和欧洲，分别生活着美洲野牛和欧洲野牛，它们数量稀少，因此受到严格的保护，人们还会将人工繁殖的野牛放到野外补充种群数量。

美洲野牛的最大体重可以超过 1 吨，它们有一对 50 厘米长的角，可以直接和狼战斗。它的毛厚重，从脸部到肩部都长满了卷曲的毛，这可以在雄牛用头部撞击打斗时起到缓冲的作用。

比起用头撞击更有趣的是，美洲野牛会躺在自己的屎尿中，让自己身上沾满腺臭味。它们认为这种强烈的气味能够显示自己是一只强壮的雄性，因此它们想把全身都涂满屎尿。

 我们这样的做法会不会有点儿简单粗暴？

By 美洲野牛

驼鹿
雄性的夸张大角可以用来吸引雌性

我们不仅角很重，还流着口水呢。

小档案

驼鹿
特点 寿命 20 年
害怕 横穿马路
喜好 草绿色

驼鹿生活在欧亚大陆和北美大陆寒冷的针叶林中，驼鹿在英语中不同地方的叫法不同，在北美被叫作 "moose"，而欧洲人叫它 "elk"。

驼鹿是最大的鹿科动物，肩高 230 厘米，雄鹿的板状大角可以长到 2 米，而两根角的重量可达 40 公斤。在动物界中，头上长着这么沉重 "外挂" 的非驼鹿莫属。这么大的角的作用当然是为了求偶，越大的角越能获得雌性的青睐。

另外，驼鹿吃东西的时候总是流着口水，令人作呕。如此多的口水表面看起来没任何意义，但却富含促进植物生长的物质。

 某种意义上说，我们流口水只是在欺骗植物罢了。

By 驼鹿

131

非洲水牛 它和牛椋鸟哪里是共生，明明是乱来

很美妙的关系？并不是，它们真的只是在享受美食……

说到共生，教科书上的解释是"不同物种间相互接近，能够给彼此带来好处"。比如用四条腿行走的动物无法清除自己背上的蜱等寄生虫，而鸟则可以帮它们，同时鸟就获得了保护，避免被天敌攻击。它们彼此间了解利害关系，从而达到和平相处的状态。那么，真的是这样吗？

我们来观察一下共生关系中最具代表性的牛椋鸟和非洲水牛吧。最开始，水牛通过抖动身体或甩尾巴的方式来驱赶鸟，每当受到驱赶时鸟就飞起来然后再落到水牛身上去，最后水牛就不会再去驱赶它们。

牛椋鸟获得了水牛的信赖，即使水牛背上已经没有可以吃的蜱虫了，牛椋鸟还是会飞到水牛背上来，有时还会钻到水牛的鼻孔中帮它们清理鼻屎。

结果，当水牛被天敌攻击过或雄性间打斗后留下伤口时，牛椋鸟就

小档案

非洲水牛
特点 孕期340天
害怕 尼罗鳄
喜好 黑色

动物·小·剧场 4

死也不离不弃的伙伴

好怪异！虽然不怎么帅吧……

把疮痂吃掉，伤口就再次暴露出来，牛椋鸟就接着吃里面的肉和血。这哪里算是什么共生，分明就是抓住了非洲水牛老好人的性格胡作非为嘛！

 牛椋鸟，真的很烦人！ By 非洲水牛

133

卷甲虫

身体圆溜溜，但便便是方形的

一直憧憬着能变方形。

卷甲虫

特点 寿命 5 年
害怕 不小心掉入蚁狮的陷阱
喜好 枯叶色

卷甲虫是很受孩子们欢迎的一种常见小虫，但它并不是昆虫，而是和虾蟹等关系更近的甲壳动物。它们性情温和，不会咬东西，没有大钳子和刺，也没有毒，更不会分泌难闻的臭味。

它们会通过非暴力的方式表现出自己不服从的精神，经受再多的压力它们也只是紧紧地抱成一个球形。对待情敌也一样，从来不会愤怒地去驱赶和报复对方，可以说是非常"圆润"的性格了。不过，在卷甲虫身上唯一有"棱角"的就是它们的便便，不知道为什么它们会拉出方形的便便。

如果说自己不憧憬变成方形，那是假话。

By 卷甲虫

黑帽悬猴 为了打喷嚏常常用小树枝

阿……阿嚏！哎呀，终于痛快了。

好怪异！虽然不怎么帅吧……

黑帽悬猴

特点 像小狗那样的技能 5 分钟就能模仿出来

害怕 森林中飞翔的角雕

喜好 少见的颜色

在演化关系上，和人类接近的动物是类人猿。它们看起来就和人一样，没有尾巴，具备极高的学习能力。之前人们认为只有人类才有使用工具的能力，但后来发现野生的黑猩猩也会使用石器。这一发现惊动了科学界。

在没有类人猿分布的南美洲，有一种被称为"南美类人猿"的黑帽悬猴同样会使用石器工具，它们还会集体共同狩猎蜥蜴。黑帽悬猴的智慧最高之处说起来有些有趣——它们鼻子痒痒的时候会用小树枝代替纸捻来刺激鼻子打喷嚏。

长得有点儿像大叔，不好意思。

By 黑帽悬猴

135

斗鱼
通过打嗝儿来做婴儿床

嗝~漂亮的婴儿床做好啦!

小档案

斗鱼

特点 寿命 3 年

害怕 不喜欢开阔的地方

喜好 金属光泽的红、蓝等漂亮的颜色

　斗鱼是一种原产于东南亚的小型淡水鱼,在观赏鱼中非常受欢迎。斗鱼的雌雄两性在形态上有很大的差异,雄性斗鱼的背鳍和尾鳍宽大,非常漂亮。除了外表,两者的性格也不同。

　　雄性斗鱼是个急性子,好斗,在泰国甚至有专门的"斗鱼"赌博文化。斗鱼可以通过特殊的呼吸器官直接呼吸空气,所以将它们放入空间狭小的杯子中饲养可以稍微压制一下它们的急性子。雄性斗鱼会在水面的浮草上吐泡泡,制作成一个泡泡巢,然后开始疯狂地追逐雌性进行求偶,不堪骚扰的雌性只能接受,直至精疲力竭甚至濒死的状态。

 吐泡泡时,还是注意一下口气比较好吧?

By 斗鱼

土豚

夜行性动物，白天就像死了一样一动不动

咋，蚂蚁在哪?

咋，蚂蚁在哪?

生活在非洲稀树草原的土豚长着猪鼻子、兔耳朵和袋鼠的身子，它有着原始的蹄和管状的牙齿，在分类上被单独划入管齿目，在演化关系上没有哪种动物和它血缘关系近，土豚可谓是珍兽中的珍兽。

土豚主要的食物是白蚁，它有像食蚁兽一样长长的舌头。它那大而坚硬的爪子可以破坏蚁冢，也可以在地下挖洞。

作为一种夜行动物，日落之时土豚睁眼后开始变得异常活跃，来来回回一晚上可以小跑上 30 千米。日出之时也是它的电池用尽之时，回到巢中连身都不翻一下就像死了一样，这样一直睡到天黑。

 虽然我们是珍兽但并不是濒危物种。

By 土豚

4

好怪异！虽然不怎么帅吧……

小档案

土豚

特点 挖一米的洞穴最快只用 45 秒

害怕 寒冷

喜好 土色

137

旅鼠
不小心从悬崖上跌落造成集体死亡

旅鼠是一类生活在北极圈苔原生境的鼠类，和仓鼠都属于仓鼠科，所以也有着短短的尾巴。旅鼠平时过着独居生活，不冬眠，它会在冰雪覆盖的巢内储存冬天吃的草和苔藓。为了防止身体被冻僵，每天都要吃掉相当于自己体重 1.5 倍的食物，可谓是个大吃货。

不过，野外的旅鼠种群数量大约每 4 年就会有一次激增或激减的波动，这种波动的原因至今还是一个未解之谜。每当它们的数量激增时，就会有大批旅鼠从悬崖上摔死，所以旅鼠被认为是一种会"集体自杀"的动物。但实际上，在旅鼠这样一种没有头领的团体中，从悬崖上摔落下去应该只是大家聚集在一起相互追随，然后就跟着掉下去了而已。

 鼠类都容易受到惊吓。

By 旅鼠

超鼓 狩猎之后肚子吃得 猎豹

吃多了，都动不了了。

好怪异！虽然不怎么帅吧……

4

猫科动物中狩猎高手云集，其中就有猎豹这种速度超群的选手，它不仅奔跑速度最高可以达到120千米/小时，而且有着惊人的加速度——只需3秒便能从0加速到100千米/小时。它们是如何能达到如此高速度的至今还是个谜。

猎豹的爪子并不像其他猫科动物那样可以缩回，只会一直保持伸出的状态。猎豹身体的许多部位都轻量化：体重很轻，腰部收缩，姿态非常漂亮。

但是猎豹没有将猎物拖到树上的力量，它没有吃完的食物很容易被鬣狗夺走，因此每次捕猎之后猎豹都硬着头皮把猎物吃完，以至于肚子变得像大鼓一样。

小档案

猎豹

特点 从出生到10个月之间爪子是可以缩回的

害怕 抢夺食物的鬣狗

喜好 骨白色

小偷太多了，要赶紧吃干净。

By 猎豹

雪豹
细看有点儿丑

你的样子怎么有点儿怪呢……

猫科动物比较受欢迎的秘密在于它们的形态——犀利的眼神、直立的尖耳朵、纤长的四肢、柔软而优雅的动作，简直就是一名超模。而雪豹这样一身白色的豹纹更是加分项，它还不留情地袭击过作为国民偶像的大熊猫，非常霸道。

这么一看，雪豹理应被选为最帅气的猫科动物的榜首了，但总觉得有点不对劲儿……仔细看一下，雪豹是个小短腿，还有着圆圆的鼻子，小小的耳朵。

雪豹的这些特点，符合"贝格曼定律"中描述的"生活在寒冷地区的动物为了保持体温，防止被冻伤"的演化目的。因此只能牺牲优美的体形了。

小档案

雪豹

特点 雄性成年需要4年

害怕 雪少的时候容易暴露自己

喜好 容易遮掩自己的雪白色

长尾巴变成一小团，因为很暖和。

By 雪豹

柴犬
尾巴退化后，
屁屁暴露在外

别一直盯着我的屁股看！

让日本引以为豪的优秀犬种——日本柴犬，培育出了许多不同的品种，如具有很高观赏价值的豆柴犬。柴犬原本是非常优秀的猎犬，狐狸般的颜色可以在灌木丛或枯草丛中隐藏自己；优秀的判断力让它们可以有策略地去猎捕野鸡、兔子等。自古以来柴犬都非常活跃。日本柴犬与家族的关系也很紧密，因为性格忠厚勇敢，非常适合做看家狗。而且日本柴犬属于日本固有的驯化犬种，对日本的恶劣气候适应能力非常强，不管天气是冷还是热，湿度是高或是低，它们都不容易得病。

日本柴犬也是从狼驯化来的，原本直直的尾巴在长期的驯化过程中肌肉逐渐退化，尾巴蜷缩变成了"卷尾"，因此屁屁暴露在外，清晰可见。

小档案

柴犬
特点 日本柴犬诞生于2300年前
害怕 蟾蜍（有毒）
喜好 狐色

我露出的不是很迷人的地方吗？

By 柴犬

胡狼

是职业杀手却也是个育儿小帮手

贡献我自己来帮忙照看弟弟妹妹们。

　　生活在非洲稀树草原的黑背胡狼，无论是形态还是行为都和狐狸相似。由于它们会寻找尸体吃，所以也被喻为"死神"。雌雄黑背胡狼还会合作袭击比自己大的汤氏瞪羚的幼崽，是名副其实的职业杀手。

　　黑背胡狼以家庭为基础进行群体生活，每年繁殖一次，一次可以生 4~9 头幼崽，幼崽用不了半年就能独立生活。虽然黑背胡狼在狩猎技能成熟后便会离开家族，但当环境恶劣时，能力最强的长子即便有了单独生存的能力，仍然会留守在家中一年，帮助父母照顾第二年出生的幼崽。原来这些冷酷的职业杀手也有柔情的一面。

 照顾弟弟妹妹们也很有趣呀！

By 胡狼

非洲野犬
姐妹们为了抚养后代而相互争抢宝宝

好怪异！虽然不怎么帅吧……

4

非洲野犬是狩猎成功率最高的动物，秘密在于它们有着优秀的团队合作。心领神会地瞄准共同目标就一定能够抓到猎物。

非洲野犬有着独特的社会结构和复杂的家庭环境。在一个群体中，雌性和雄性之间并没有血缘关系，与狮子成年后雄狮离开家庭的做法相反的是，成年后雄性非洲野犬会留在家族中，而雌性的姐妹则离开家族加入其他群体。

这些姐妹之间的关系本身非常融洽，但只要一方生了孩子，没有孩子的一方也想把这个孩子当成自己的来抚养。姐妹间争夺孩子的抚养权，在激烈的争夺过程中甚至还有造成幼崽死亡的情况，看来需要一名裁判。

 我绝对不会放弃孩子的抚养权！

 By 非洲野犬

小档案

非洲野犬
特点 哺乳期 5 周
害怕 不想服输的对手鬣狗
喜好 身上的三种毛色

143

鬃狼是个喜欢吃水果的甜食党

好喜欢糖果啊~

鬃狼

特点 出生 70 天后尾尖从灰色变成白色

害怕 菠萝园主人

喜好 狐色

南美洲的鬃狼是犬科动物中体形最大的，体长 130 厘米，肩高能达 90 厘米，虽然名字里有"狼"字，但它们跟狐的关系更近。

对于鬃狼印象最深的是它的脚很长，身材超群。在因为领地发生争执时，它身体一横，亮出自己完美的身材，摆出一副自我陶醉的样子，以此来威胁竞争对手。鬃狼的大长腿很适合奔跑，时速最高可达 90 千米，是奔跑速度仅次于猎豹的食肉动物，但它们生活的草原和沼泽地并不适合奔跑。虽然身为食肉动物，鬃狼却是个甜食党，常常把菠萝园吃得乱七八糟。

虽然我很帅气，但我的臭味很重哟。

By 鬃狼

臭鼬
臭味对天敌无效

为什么没有臭味儿了？

臭鼬
特点　臭液用光后重新加满需要1个月
害怕　猛禽
喜好　黑白色

鼬科动物屁股上的臭腺很发达，它们通过分泌气味和同类进行沟通。而臭鼬更是将此臭味作为防身武器。不过，臭鼬自己身上及巢穴中并没有臭味，因为它们自己也很讨厌这种味道。吵架时也会相互在彼此身上蹭上臭液，这时周围就会充满了臭味，连雌臭鼬都被熏跑了。

臭鼬的这种臭味并不是简单的放屁，而是从肛门两侧的肛门腺中喷出的液体，闻起来就像是硫黄和浓缩的大蒜的味道，并且可以扩散到2千米之外，人们身上如果蹭上这种液体，1个月内都不想吃饭，不小心碰到眼睛还会造成暂时性失明。

不过，作为臭鼬最大天敌的猛禽，它们的嗅觉并不发达，所以这种化学武器对猛禽来说是无效的。

连自己都觉得臭。
By 臭鼬

海胆
没有血液，没有眼睛，也没有大脑

我最不喜欢的就是寿司店啊！

　　海胆是一种生活在海洋里的棘皮动物，在全世界有 900 多个品种。它的特点是全身覆盖着坚硬的棘刺，棘刺里还有毒，鱼类很难接近和吃掉它们。

　　它们的身体构造非常简单，和海星、海参有着许多共同点。它的嘴巴在身体的正下方，通过啃食海藻或珊瑚生存。它们的屁股并不像人们那样朝下，而是位于背部正中央，开口朝上。海胆没有红色的血液，没有鼻子和眼睛，也没有心脏和肝脏，甚至连思考的大脑也没有。它们的体表长满了数不清的管足，能够运动和感受触觉。

 没有感情地活着。　By 海胆

海象
阴茎骨是人类的武器

别把那个当武器用行不?

小档案

海象

特点 交配时间一个小时

害怕 突袭的虎鲸

喜好 雪白色

八成以上哺乳动物的阴茎中都有阴茎骨,多数灵长类动物也有。不可思议的是,同为灵长类的人类却没有阴茎骨。阴茎骨的演化和作用目前还有很多未解之谜,有研究认为生活在寒冷地区的动物的阴茎骨有变大的倾向,或许是为了提高受精概率,因为它们繁殖期短,产崽的机会少。

生活在寒冷地区的海象有着长达 60 厘米的阴茎骨,看起来就像是一个球棒。在古代人们就把海象的阴茎骨当成作战武器,还用它来猎杀海豹。估计海象自己都很惊讶,原来自己的阴茎骨还有这么多种使用方法。

 你们有没有想过被打的人的心情? By 海象

犀牛
用把便便堆成小山的方式来标记领地

完成了，就这样吧！

    在3000万年前，犀牛家族在地球上是非常繁盛的，有现在种类的60倍以上。作为一种古老的动物，它们似乎没有跟着时代的脚步逐渐走向灭绝，但现今地球上仅存6种犀牛，而且所有种类都是濒危物种，有在21世纪中叶灭绝的危机。

    犀牛受到的主要威胁，是近年来用犀牛角制造药方需求量的增加而产生的非法盗猎。由于人们迷信犀角有着壮阳和解热的神奇功效，给犀牛带来了极大的麻烦。

    但是，并不是说除了盗猎以外就没有其他因素导致它们濒临灭绝了。强大的雄犀为了寻找对象，把自己的领地范围划得太大，以至于自己都找不到雌犀。另外，白犀在标记领地时，会用自己的便便堆成一个漂亮的小粪堆。虽说用排泄物标记领地的动物并不少见，但大多数只是使用气味来

白犀

特点　离白犀灭绝也就几年时间了（仅剩2头）

害怕　盗猎者

喜好　非白色

动物·小·剧场 4

因为强壮所以单身的犀牛

标记。而犀牛在完成粪堆之后一定会用后腿踢一踢这个粪堆，或许是因为它们觉得自己这个粪堆做得很棒很完美，才会加上这么一个重要的行为吧！本来最初的目的是寻找对象，结果太过于专注这些没用的讲究，或许这也是犀牛濒临灭绝的原因之一吧。

踢便便难道不帅气吗？

By 白犀

149

原驼

首领会咬情敌的蛋蛋

栖息在南美洲的原驼和骆驼科的美洲驼以及羊驼是亲戚。在安第斯高山上，空气非常稀薄，但原驼非常活跃，能够到处活动，所以从古印加时代开始，人们就会利用原驼在险峻的山岳间运输货物。

虽然和骆驼同属于食草动物，但原驼的脾气暴躁，易怒。一般是一只强壮的雄性带领数只后宫佳丽组成一个小群体生活。

若是有一只年轻的雄性用目光勾引了群体中的雌性的话，首领会非常气愤，驱赶着对手一直到咬到它的蛋蛋为止。在这期间，其他雄性也可能见缝插针地去接近雌性，而忙着驱赶对手的首领却浑然不知。

 绝对不允许出轨！ By 原驼

骆驼

雄性最终的决战方式是做鬼脸

做鬼脸决胜负！

4

好怪异！虽然不怎么帅吧……

骆驼家庭的社会结构和狮子非常像，一只强壮的雄骆驼与数只雌骆驼组成一个群体。其他雄骆驼为了争夺群体首领的位置，常常发生战斗。

作为食草动物，骆驼也有犬齿，在打斗过猛时也可以给对手造成伤害，对于根本看不上眼的对手则会直接冲对方吐口水——胃容物，这口水的臭味要一周才能消除。

两只实力最强的雄性骆驼会有相互恐吓的行为。它们把嘴巴里的颊囊翻鼓起来以做鬼脸的方式进行决斗。与其说两只骆驼在决斗，不如说它们在玩做鬼脸的游戏。

小档案

骆驼
特点 可以2周不喝水
害怕 澳洲野狗
喜好 驼色

我在社交软件上是不是很出众？　By 骆驼

151

揭开动物园里那些谜一样的设施的秘密

其实它还活着！
动物的真假死亡
DEAD OR ALIVE

看着像死了其实是在欺骗别人的家伙！

动物们有许多必杀技，有些甚至为了能够活下去不惜去装死，让我们来看看这些会表演的动物吧！

为了活下去而装死……确实好机智！

貉在装睡吗？

在动物行为学中有一种非常特别的行为叫作假死——通过装作死了的样子来躲避危难时刻。不过，这样毫无防备地暴露自己的身体，反而将自己陷入危险的境地，在科学上还有很多未解之谜。

在日本，自古人们就知道"狸寝（装睡）"这个词来自貉：听到猎人的枪声

因为装睡这件事，我们被人说成骗子。

后马上倒地装死，过一会儿再逃跑，这便是假死行为。

在世界上，虽然最有名的装死动物是负鼠，但具有假死这种行为的动物其实还有很多。

谁能装成被溺死的样子长达30分钟！

达尔文蛙

死亡之潜！溺死事故？

达尔文蛙是达尔文在南美发现的一种小型蛙类，这种蛙非常奇怪——雌蛙在嘴巴里照顾蝌蚪。

达尔文蛙也有假死的技能，当它们感知到危险的时候，就跳到河口里，然后躺到水底装死，任由水流将它冲走，最长能够"表演"30分钟。

不过，能够装死的达尔文蛙却再也没办法这样做了，2013年因为蛙壶菌病的蔓延导致了它们的种群灭绝。

倒不如说它根本就不在意危险。

演技一流的演员！

西部猪鼻蛇

模仿到如此水平！流血和尸臭

虽然没有什么动物不怕蛇，但蛇本身是一种非常胆小的动物。生活在北美洲的猪鼻蛇，鼻子像猪一样往上翘。虽然它们拥有毒液，但毒性很低，胆子非常小。

当它的面前出现其他动物时，它会先通过发出声音来威吓对方。如果这个方法不奏效，它们就来回翻转自己的身体。最神奇的是，接下来它会将自己嘴巴里的毛细血管划破，从嘴中流出鲜血，紧接着，从屁股里放出像腐烂的尸体一样的味道。

如此完美演绎一具死尸的猪鼻蛇，我们很想给它颁发奥斯卡奖。

作为好孩子的我们，不做假也很好呢……

154

变色龙
拟态尸体
一整天一动也不动！

你真死的时候告诉我一声！

变色龙行动迟缓，它们能够随意地根据攻守的不同角色需要改变自己的颜色：比如让身体迅速变成和周围环境相近的颜色，以此可以悄悄地接近猎物，或者依据不同的状况将身体模仿成树叶的颜色和样子，以达到隐藏自己迷惑天敌的目的。

变色龙还藏着一手。如果它感觉用了各种技巧都没能掩饰自己，被敌人发现后，它便把这个终极手段拿出来——装死。横躺在地上，身体上出现很多黑色的尸斑，就像死了很久的尸体。

因为我会装死，所以我正在计划从动物园中逃走哟！

装死的变色龙连抖都不会抖一下，就像真的死了一样。有时候连动物园饲养员都以为它真的死了。变色龙就这么一动也不动地躺上一天才重新起来活动。

新宅老师的
《失败动物 Q&A》

欢笑篇

Q 狗真的会笑吗?

经常有人说"狗在笑",其实那只是狗嘴角上翘的样子看起来像是在笑罢了,这与我们人类的笑并不是一回事。

Q 那么,有没有会笑的动物呢?

有的灵长类动物会有"扮鬼脸"的行为,这是为了向强者表现自己弱小的一种表情,这种表情被认为是笑脸的起源。"扮鬼脸"可以起到不被对方攻击又能和对方接近的作用。黑猩猩和猩猩这些类人猿在小的时候都会有咯咯笑的表情,但在成年之后这种表情就会消失。

Q 人类的笑有什么独特之处?

笑是为了向对手表达"我没有敌意,请你安心"的一种行为。但如果在不合时宜的场合下浮现出笑脸,就会营造出一种奇怪的氛围,让对方感受到不安。但是无论怎样,开心地表现出与心情相符的笑容可以让别人感受到幸福。另外,人类的笑是可以被传染的,一个人笑起来大家也会紧接着一起开始笑。这种高级的笑,是作为人类才有的一种能力。

第 **5** 章

世事无常！
太可怜了

社会篇

大自然有着严格的
规则，有些动物为
了活下去，只能使
用一些手段来保护
自己。

蜜蜂在搬家时会突然变成肉食者

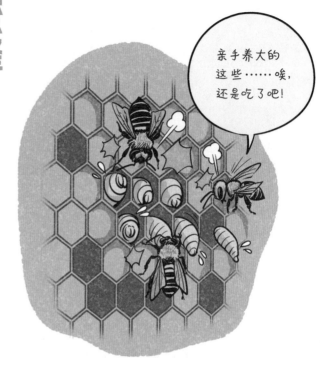

亲手养大的这些……唉，还是吃了吧！

社会性昆虫——蜜蜂是昆虫家族中演化得最有秩序的一个类群。每个族群的蜜蜂都按不同的等级分工做不同的工作。

蜂王的一生就是不断地产卵，其他任何工作它都不做。而工蜂负责修建维修蜂巢、养育后代、看守巢穴或外出觅食等，随着工蜂经验的增加，它们会从内勤工作逐渐转移到外勤，就这样支撑着整个家族的运转。

所有的工蜂都是雌性，但因为受到蜂王分泌的费洛蒙的影响没有生育能力，也不会产卵，因此不再产卵的产卵针就特化成了毒针。也就是说，蜜蜂家族中群体数量少的雄蜂因为没有产卵针，所以不能蜇人，它们什么活儿也不干，整天无所事事，即使受到敌人攻击也无动于衷。

当一个蜂巢的家庭成员增加，巢穴过于拥挤时，它们就要寻找一处新地方建立新巢，称为"分蜂"。这个时候，平时细心照料的幼虫就会被工

动物·小·剧场 5
难逃一死的蜜蜂

小档案

蜜蜂
特点 工蜂每天工作 8 个小时
害怕 偷蜂蜜的熊
喜好 想去蜇黑色的东西

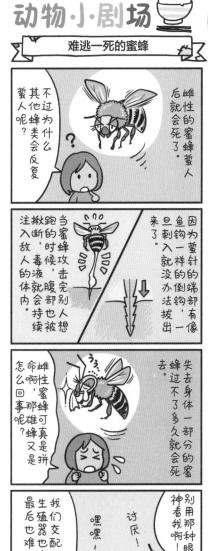

雌性的蜜蜂蜇人后就会死了。

不过为什么其他蜂类会反复蜇人呢？

因为蜇针的端部有一像鱼钩一样的倒钩，一旦刺入就没办法拔出来了。

当蜜蜂攻击完别人想跑的时候，注入毒液的腹部也会持续被揪断，故入人体内。

失去身体一部分的蜜蜂过不了多久就会死去。

雌性蜜蜂可真是拼命啊，那雄蜂又是怎么回事呢？

别用那种眼神看我啊！讨厌！嘿嘿~

我们交配之后生殖器也会脱落，最后也难逃一死啊！

蜂吃掉，平时只吃花蜜的素食者瞬间变成了肉食者。毕竟这些带不走的幼虫与其丢弃不如作为营养源进行回收。

 虽然蜂王有蜇针，但它不蜇人。

By 蜜蜂

穹蛛

用自己的身体喂养幼虫

开动啦！啊，妈妈在哪里？

全世界大约有 3500 种蜘蛛，它们与昆虫属于不同的类群，几乎所有的蜘蛛都是肉食的，是昆虫的天敌。

肉食性在生态上是一种不利的食性，因为要受制于不断地捕捉猎物，如果猎物减少那它自身也会受威胁。

蜘蛛的生长期和繁殖期需要更多的营养，因此雌性蜘蛛时常把前来求偶的雄性蜘蛛吃掉。

生活在沙漠的穹蛛，因为食物资源匮乏，雌性穹蛛会将自己身体的内脏溶解，把自己作为食物喂养后一代。而小蜘蛛们并不知道它们吃的是自己的妈妈。

小档案

穹蛛

特点 结网的蜘蛛用半个小时到一个小

害怕 下手毫不留情的鸟类

喜好 不显眼的颜色

 这才是妈妈的味道。 By 穹蛛

彩虹锹甲

兴奋过头时会把求偶对象抛出去

什么东西！哎呀，糟糕，把亲爱的给扔了！

和独角仙同样受欢迎的锹甲，总在有树枝的地方和竞争对手打架，就算一起从树上掉下来也会打得不可开交。它们其实都势均力敌，几乎不分胜负，不管哪一方都是个急性子，毛手毛脚的。

澳大利亚有种身体表面闪耀着彩虹光芒的彩虹锹甲，它们的求偶仪式非常有趣。几只雄性围着树枝上的一只雌性聚集起来，然后雄性彩虹锹甲们就开始激烈地战斗，强者会用自己的夹子把弱者夹起来，然后丢到地上。为了展现出自己出众的能力，它会把竞争对手一个一个全丢下去，反复的激战让它兴奋过头，最后就连求偶对象都被当成竞争对手丢了出去。

 兴奋过后，是不是有什么事搞错了？

By 彩虹锹甲

细尾獴
把育儿的工作推给女儿

妈妈，加油工作！看孩子的事儿就交给我吧。

生活在非洲南部卡拉哈里沙漠的细尾獴会在干燥的荒地中挖掘管状的洞穴，它们最喜欢吃马陆、蝎子和捕鸟蛛等毒虫。尽管它们属于对毒液有很强免疫能力的獴科成员，但并不是不介意被毒虫或毒蛇咬。当它们不小心被咬后，身体会变得很虚弱，不过几天之后就能恢复回来。

它们以家庭为单位进行生活，也有2个或2个以上家庭共同生活的。群体中最占优势的雌性和雄性才有资格繁殖，而雌性是整个群体的领导，真可谓是老婆的天下啊！

在巢外，天上的猛禽、陆地上的野兽，还有巨蜥、蛇等恐怖的天敌时刻蠢蠢欲动，因此看守巢穴的警报者时刻在门口张望着，有时也会因为打瞌睡而没有发现即将到来的危险。不过这会让它们家庭成员的联系变得非

细尾獴

特点　长成成体需要9个月
害怕　听到猛禽来袭的警报声
喜好　有毒的颜色

常紧密，它们会聚拢在一起面向天敌，勇敢地去威吓甚至发起攻击，有时全体成员会一起拼命围剿和击退眼镜蛇。

由于要经常同天敌和其他族群进行战斗，作为一家之长的雌性细尾獴非常繁忙，因此它会将自己的孩子推给长女来帮忙照顾。

 简直就像电视连续剧一样纠缠不清啊。 By 细尾獴

彩鹬

漂亮的雌性是喜欢捉弄雄性的坏女人

我是不是很美呀？请和我结婚吧！

以鸟为首的许多动物中的雄性为了获得雌性的青睐，身上都长着漂亮的皮毛或羽毛，有的还会跳舞或唱歌，为了讨好雌性可谓用尽全力。

而雌鸟在孵卵期间由于不能活动，身上的颜色通常都不太显眼。

不过，在水田或湿地中生活的彩鹬却与众不同，它是鸟类中少见的一妻多夫制，雌性彩鹬有着漂亮的羽毛，而雄性的羽毛则很朴素。雄性做好巢后会等雌性前来求爱。

雄性接受求偶后，雌性产完卵便离去了，继续找别的雄性求偶。在彩鹬的世界里没有夫妇相爱，雄性彩鹬是养育孩子的单身爸爸。

 这难道不是一个女性活跃的时代吗？

By 彩鹬

小档案

彩鹬

特点 雄性养育后代 90 天

害怕 普通鵟（鹰科猛禽）

喜好 黄褐色斑纹

葬甲
有的非常疼爱子女，有的却会将它们遗弃

看护卵好麻烦啊～还是和别的男人玩儿去吧！

葬甲
特点 掩埋一只鼹鼠的尸体需要3个小时
害怕 寄生蜂、螨虫
喜好 蜂的样子（拟态）

葬甲喜欢聚集在动物的尸体周边，所以葬甲也叫埋葬甲，听起来有点儿不吉利，像死神，其实葬甲是将尸体分解为无害土壤后返还给森林的清洁者，在生态系统中扮演着非常重要的角色。

葬甲是比较少见的具有亚社会性行为的昆虫，雌雄一起将尸体加工成肉丸子，然后送到幼虫的嘴边，它们非常疼爱子女。这对于不属于蜂类或蚂蚁那种社会性昆虫的甲虫来说，能够如此尽心地养育后代已经相当难得了。

但是，世界上永远都有心怀险恶的家伙。一些葬甲会把合适的卵偷偷混进其他葬甲的卵中，让其帮助自己照顾后代。

 人生多种多样，演化也多种多样。 By 葬甲

鸵鸟
雌性中具有严格的等级制度

把它的卵冻死！

唉，那个新来的家伙也不跟我们打招呼，感觉不怎么样~

?

小档案

鸵鸟
特点　寿命 60 年
害怕　成年没有天敌
喜好　粉色

鸵鸟是体形最大的鸟类，体重超过 100 公斤，无法飞行。雌雄鸵鸟很容易区分开：雄性鸵鸟的羽毛是黑色，雌性的是灰色，这种颜色的差异和孵卵有关，白天雌性孵，晚上换成雄性，身体庞大的鸵鸟需要这种不容易被发现的颜色做保护色。

繁殖期的鸵鸟以一只雄性和多只雌性构成一个群体。雌性鸵鸟中有着严格的等级顺序，最具优势的雌性可以最先受孕产卵，其他位于次位的鸵鸟要在它的周围产卵。由于中央和外侧的温度不一样，所以位于外侧的卵孵化率会下降，而且还更容易受到天敌的攻击。地位低的雌性鸵鸟很难留下后代，刚出生的雏鸟也要由地位最高的雌鸟带着。

 我们的等级制度太严啦！

By 鸵鸟

日本猕猴

经常毫无理由地吵架

不知道，反正大家经常会吵架。

唉，这是谁和谁在吵架吗？

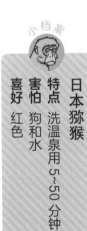

小档案

日本猕猴

特点 洗温泉用 5~50 分钟

害怕 狗和水

喜好 红色

　日本猕猴是群居生活的动物，它们有自己的猴群纪律。猴群由一只猴王带头，每只猴子都有着明确的等级地位。打招呼在猴群中非常重要，地位低的猴子如果见到地位高的猴子不打招呼，地位高的猴子就会发怒。

　　结果就会因此经常出现争吵。当一只猴子被心情不好的高等级猴子刁难后，为了出气，就会去刁难比自己地位还低的猴子。这种连锁刁难带来了大骚动，猴群经常不知道为什么就会出现吵架。多数猴子都不想把矛头指向自己，于是就会跟着大家不知所措地加入骚乱中。

 盲从真是相当麻烦啊！　By 日本猕猴

寒羊
尾巴太大了，车都没法动身，没有平板

尾巴太重了，动不了了……

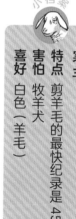
大约在公元前 6000 年，出现了一种叫作摩弗伦羊的野生羊，这种羊经过不断驯化，变成了现在的家畜——家绵羊。野生的摩弗伦羊有着漂亮的角，身上披着笔直的茶色毛。而家畜羊经过不断筛选后，毛很长可以用作产羊毛，肉品质好的可以用作产肉。现在有超过 1500 个品种的家养绵羊。

你见过羊的尾巴吗？

实际上，因为羊的尾巴比较长，很容易沾上排泄物，这会导致羊毛的品质下降，还使羊容易生病，所以羊在出生后就会被人为断尾。

不过，也有一些品种的羊还保留着尾巴，比如寒羊就有巨大的尾巴，人们可以从这里获取羊油。有时候甚至因为它们的尾巴过大，必须用平板车才能运输。

 虽然基因变异了，可是尾巴没有变短。

By 寒羊

鲸头鹳
一窝生两只，只选择最强壮的那只抚养

这也是自然的法则……

生活在赤道地区的鲸头鹳很受人们欢迎，它被称为"不会动的鸟"。因为鲸头鹳白天常常在水边一动不动，它在等着到背阴处躲避日晒的小鱼，当小鱼靠近脚边时将它们吃掉。

实际上在野外生活的鲸头鹳是夜行性动物，它们经常在晚上四处活动。鲸头鹳大嘴吃八方，食欲旺盛——肺鱼、鲇鱼、蛇、巨蜥甚至小鳄鱼都在它的食谱里。

繁殖期的鲸头鹳每次产两枚卵，由两只亲鸟共同照顾雏鸟。特别热的时候亲鸟会用自己的嘴巴装满水带回巢里，从上淋下给雏鸟降温，就像洗淋浴一样。但无情的是，直到某一天开始，只有最先出生的那只健壮的雏鸟才能获得食物和水，另一只会被无情地抛弃。

小档案

鲸头鹳
特点 一动不动最长可以保持6个小时
害怕 水边的尼罗鳄
喜好 浅紫色

唉，我也是没有办法。 By 鲸头鹳

169

黄猄蚁
擅长DIY，用幼虫来做黏着剂

生活在东南亚的黄猄蚁脾气非常狂躁凶狠，可以集群袭击蜥蜴等体形很大的动物。它们的下颚是攻击力超强的武器，不仅咬人很疼，还能喷出有毒的蚁酸。

如此凶猛的蚂蚁，除了粗暴的性情外，还是DIY的好手。工蚁会将叶子卷成球形制作蚁巢，而黏着剂就是幼虫。工蚁将幼虫衔在嘴上，用幼虫吐出来的丝来将叶子黏在一起。这些丝本身是幼虫在化蛹时需要的，现在却被用来做黏着剂。这些幼虫会不会已经被放弃了呢？此时的它们也没法化蛹了。

小档案

黄猄蚁

特点 DIY 1个巢需要4个小时

害怕 其他蚁巢的黄猄蚁

喜好 叶子的颜色

 DIY 很好啊，我喜欢建材商店。 By 黄猄蚁

170

食蚁兽
利用蚂蚁来吃蚂蚁

好酸！

食蚁兽生活在南美洲，它和树懒同属于贫齿目。食蚁兽的嘴里没有牙齿，靠着长长的舌头和上面富有黏性的唾液吞食蚂蚁和白蚁。

另外，食蚁兽还是哺乳动物中唯——种没有胃液的动物。很长时间人们都不知道它是如何进行消化的。原来，一般哺乳动物的胃液成分主要是盐酸，而食蚁兽正是靠蚂蚁被激怒后产生的蚁酸来消化食物，也就是说它正是利用蚂蚁自身分泌的液体来消化蚂蚁。

在动物园中人们不可能给食蚁兽提供大量的蚂蚁吃，替代食物是带有酸味儿的蛋黄酱，食蚁兽也是个蛋黄酱迷呢。

小档案

食蚁兽
特点 舌头每分钟可以来回伸出 150 次
害怕 胡闹的美洲豹
喜好 土黄色

需要清除红火蚁的请和我联系。 By 食蚁兽

171

蝼蛄
幻想自己是鼹鼠却被鼹鼠吃掉

鼹鼠前辈~

啪咕

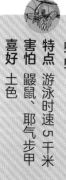

小档案

蝼蛄

特点 游泳时速 5 千米
害怕 鼹鼠、耶气步甲
喜好 土色

　　蝼蛄和蟋蟀是近亲，但一般蟋蟀生活在草地上，而蝼蛄则在地下挖洞生活，它的英文名"Mole cricket"翻译过来就是鼹鼠蟋蟀的意思。

　　不单单是名字，蝼蛄在外形上和属于哺乳动物的鼹鼠也非常相似（协同进化），它的前足特化成可以挖土的形态，全身密布着如天鹅绒般纤细而漂亮的毛，擅长游泳，简直和鼹鼠一模一样。尽管它会幻想自己是鼹鼠，而它却是鼹鼠最爱吃的美食，一旦遇到鼹鼠就难逃被吃的命运。

鼹鼠前辈，你是不是被我模仿你的样子激怒了？

By 蝼蛄

白头海雕
在空中的冒险行为只为确定爱

世事无常！太可怜了

小档案

白头海雕

特点 从出生到变成「白头」要5年

害怕 群体袭来的乌鸦

喜好 白色和黄色

白头海雕是美国的国鸟，在国徽、陆军帅级的军徽等标志上都能见到白头海雕的形象。白头海雕是一种大型猛禽，翅展能达 2 米以上。它们有着凶猛的外表，一直被认为是强大的象征。

但是与"最强猛禽"称号不符的是，白头海雕主要靠捕鱼或其他动物尸体为食，食性方面与它的凶猛形象不太相符。

白头海雕还是一种为爱而生的猛禽。两只白头海雕在空中求偶时，会紧紧抓住彼此的脚，无论落到哪里都不松开，它们这种冒险的行为只是为了确定对方是否深爱自己。

 我们在实践恋爱之云霄飞车理论。

By 白头海雕

（说话气泡内文字：我爱你！ / 我也是~ 啊，掉了！）

水蝇
是生活在盐湖旁的鸟的净水器

> 嘿，我们可是很辛苦才演化成净水器的。是不是很厉害？喂，别吃我啊！

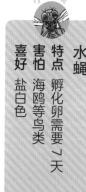

小档案

水蝇
特点 孵化卵需要7天
害怕 海鸥等鸟类
喜好 盐白色

　　在种类繁多的苍蝇中，单是水蝇种类就有1500多种。水蝇和我们经常见到的苍蝇不同，它们喜欢生活在水边，特别喜欢海滨、盐水或含碱高的湖泊周边。

　　我们常常能够在死气沉沉的盐湖边看到一片黑压压的水蝇。水蝇可以在其他生物无法生存的盐分过高的水体中生活，它们会大口将盐水喝下，然后把盐分滤除，因此喝到肚子里的水都变成了淡水。

　　盐湖附近缺乏淡水，生活在这里的鸟类知道水蝇的肚子里存有淡水，所以常常一口气吃掉很多水蝇来解渴。

 好喝的水送到啦！

By 水蝇

草原犬鼠
背负着『牛之杀手』的怪名

很容易就摔倒了，这里地面好复杂啊！

小档案

草原犬鼠
特点 接吻2秒钟
害怕 添麻烦的美洲野牛
喜好 草绿色

　　草原犬鼠生活在北美洲，虽然它的名字里有一个"犬"字，但和狗并没有什么关系，它是地松鼠的亲戚，以草为食。它们以家庭为单位在地下挖洞生活，善于通过叫声和动作与同伴交流。

　　它们会嘴对嘴进行接吻，还会抱在一起，举止非常可爱，有这种亲密寒暄方式的动物在人类以外非常少见。

　　但是这么可爱的草原犬鼠却背负着一个像凶猛的食肉动物的称号——"牛之杀手"，它们在草地上挖的洞穴经常会造成放牧的牛不小心摔倒骨折，以至于有一段时期人们把它当成害兽驱除，它们甚至曾一度走到灭绝的边缘。

美洲野牛的尿好讨厌！ By 草原犬鼠

175

人

肛门是动物界中最松缓的，容易被便便弄脏

擦屁股真的好麻烦啊！

人的体形是动物界中最奇特的，经过 6000 万年以上的演化，人类从原本用 4 只脚走路进化到直立行走——前肢可以向上抬起，只用后足站立。所以人类的体长是指从头顶到脚后跟的长度，这种测量方式在其他动物中并不存在。

用两足直立行走的好处是：在开阔的稀树草原上可以尽早发现远处的猛兽，而且还能长时间连续地慢跑。人类的头骨位于脊椎骨的正上方，可以保持平衡，即使脑容量增加，脑袋变重，也不会变得摇摇晃晃。

有没有弊端呢？秘密就在出口——肛门括约肌，一般动物的肛门括约肌可以让粪便从身体内排出且不弄脏身体。但人类的肛门括约肌变得非常松缓，而且由于屁股上的脂肪让肛门口位于屁股的深处，因此人类没有办

小档案

人

特点 人一生要睡20万个小时（相当于23年）

害怕 倒挂在树上

喜好 根据地位和场合而变

法站着大便……这么重要的功能居然变得这么鸡肋！人类平时竟然还要穿上内裤，动物们一定在心中笑掉大牙了。

动物·小·剧场

5

鸡皮疙瘩的由来

世事无常！太可怜了

能不能不要穿有我们动物图案的内裤？ By 全体动物

失败动物排名

按照动物们的"失败情况"给它们排名。

硬生生地将这些动物划分了等级!

不会唱歌的动物排行榜

即便如此我还是要唱歌。

第1名:驴

第2名:鹩哥

第3名:貉

第1名的驴到哪儿都会以一副愚蠢的表情发出奇怪的声音。

　　第3名的貉不爱说话,是犬科动物里唯一一种不会吼叫的动物,就连通过鼓肚子发出"咕咕"的声音也不会。而鹩哥登上第2名的位置让人有些意外,虽然鹩哥是个口技表演家,能够模仿人的声音,但它自己本身的叫声太难听,所以还是上榜了。而荣登榜首的就是驴。马可以发出雄壮的嘶吼声,但驴的声音就像是被什么东西噎住了,让人感觉非常不舒服。实际上,斑马的叫声和驴的叫声也是一样的。

平时看起来很慢，其实速度很快的动物排行榜

时速 **90** 千米 | 第1名 **懒猴**
抓飞行中蛾子的速度

时速 **80** 千米 | 第2名 **树懒**
威吓对方抢手腕的速度

时速 **60** 千米 | 第3名 **龟**
从陆地上跑入水中后的速度

考拉在地上跑时的速度就和马拉松领跑者一样快。

鳖在演化的过程中抛弃了厚重的龟甲，换来的是轻而柔软的背壳。

树懒在威吓敌人时可以快速咬人，在水里游泳时也很灵活。

　　虽然这些动物有着让人意外的速度，但跟人类相比还是慢了很多。第3名的龟（鳖）是行动迟缓的代名词，但它们从陆地跑到水中后逃跑的速度是很快的。第2名的树懒是行动非常缓慢的一种动物，但它们在做出威吓姿势——抢手腕时，速度惊人。第1名的懒猴是一种夜行动物，它们喜欢吃植物的果实，当发现空中的飞蛾时，它们可以快速抓住。再介绍两种动物，蜗牛眼睛缩回去的速度能够达到时速30千米，而考拉在地上跑的时速可以达到20千米。这些表面看上去胖乎乎的动物认真起来还是可以爆发出很大的力量的。

有点儿出乎意料呢！

这个排行榜是……
小·弟弟排行榜

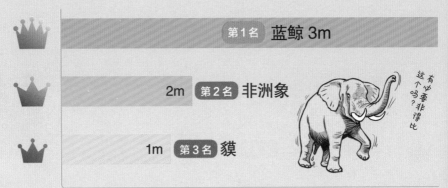

第1名 蓝鲸 3m

2m 第2名 非洲象

有必要非得比这个吗？

1m 第3名 貘

世界上最大的动物蓝鲸当之无愧获得第1名。

如果按照小弟弟和身体比例算的话，藤壶肯定是当仁不让的第1名。

大猩猩的大拇指很短，小弟弟的长度也很短。

　　貘在阴茎大小排行中排名第三，它有着和人类手腕一般粗的阴茎。第2位既然是非洲象，那尺寸就不用提了吧。排名第一的蓝鲸身长可以达到30米，而它的阴茎长度差不多是身体的十分之一。但是，阴茎的大小和繁殖能力无关，蓝鲸反而因为体形庞大交配困难，现在成了濒危动物。这里还要提一下海象，虽然它的阴茎骨长度有60厘米，但还是没能入选。再说两种动物，藤壶的阴茎长度是它身体长度的8倍以上，如果按身体比例来算的话绝对领先。而大猩猩的体长接近2米，体重大约200公斤，但阴茎超迷你，只有5厘米长。

居然是这样！

一天的量都这么多！
便便重量排行榜

第1名 大象 100 公斤

第2名 犀牛 40 公斤

便便的重量比一个小孩儿还要重。

第3名 牛 30 公斤

大象的海量便便在动物园中会被回收再利用。

牛每天会拉很多便便，这些便便在田地里可以作为肥料利用。

以竹叶为食的大熊猫的便便是绿色的，有股微微的香气。

　　在便便重量排行榜上，牛登上了第3名。第2名被犀牛占据，它还有一个特别的绝技：每次拉完臭臭后用后足把臭臭往上踢。而登上第1名的就是大象了，它的一粒便便就有2公斤重，而它一天可以拉100公斤便便。实际上，便便的量越少才越好，大量的便便恰恰是消化能力很弱的表现，由于不能将食物中的营养成分完全吸收才会产生大量无用的便便，这在演化上并不是有利的。说到便秘，树懒一星期只拉一次臭臭，而冬眠中的熊半年都不拉一次。有趣的还有能拉出黄金便便的耐金属贪铜菌和能拉出有香味儿便便的大熊猫。

失败的

掩饰术

向动物
们学习用来
应付倒霉事
儿的"掩
饰术"。

在路边狠狠地**摔了一跤**!

回答:

面无表情地离开。

这一招儿
雕已经实
践过了。

虎鲸的

"后视术"

在袭击海豹失手
后,坦荡地转身回到
大海。

咝~

喊!

……

掩饰能力: 60

攻
守
技术
速度
勇气

问题 02
想放屁……

……

回答：
不放低声音，以最大的音量放屁。

嘭——

大象的爆音屁术

噗噗～

用尽全力放屁，把羞耻的感觉崩走。

掩饰能力： 70

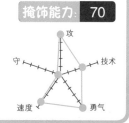

攻

守　　　　技术

速度　　　勇气

问题 03

易怒的人

（老师，上司等）

回答：

在被骂前先把关系拉近。

这小子。

老师，你今天好帅啊！

猫的撒娇术

平时用软绵绵的身体蹭人，卖萌的样子容易与人建立一种亲密且不易让人发怒的关系。

掩饰能力： 75

喵～喵～喵～

只许有这一次，知道吗？！

问题 04

挨骂了……

不好意思。

……

回答：

做出可怜又卖萌的表情可以获得原谅。

狗 的委屈术

眼睛向上看，八字眉，呈现出一副委屈的样子，让自己显得弱小可怜以获得对方的同情。

掩饰能力： 80

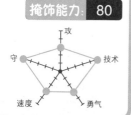

攻
守 技术
速度 勇气

掩饰的能力很强啊！

麻烦的人
靠近时……

哟~

哇, 今天又来了!

回答:

不要和对方眼神对视, 装作在忙的样子。

唉……

嗯嗯!

很忙很忙的样子。

猴子假装理毛发

眼神犀利

当猴王过来的时候, 猴子会马上开始给自己或同伴梳理毛发, 避免和猴王眼神对视。

掩饰能力: 75

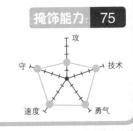

攻
守
技术
速度
勇气

在这里给大家出个题。

穷途末路的
紧急关头！

麻烦了，忘了给100名参赛者订盒饭了！

啊

喂！

盒饭呢？

我是尸体，我什么也不知道。

回答：

什么也别说了，别动好了。

完全装作死人

负鼠的装死术

陷入紧要关头时马上装死，直到危险离去。

掩饰能力： 55

攻
守 · 技术
速度 · 勇气

187

索引

这里把在本书中登场的可爱动物们进行了分门别类。可以在这里找一找你感兴趣的动物哦。

哺乳类

因为体温可以保持在恒定范围内,所以可以持续进行活动。不过,因为能量耗损大,需要经常进食以补充能量。

动物	页码	动物	页码
北极狐	75	河马	44
北极熊	27	黑帽悬猴	135
蝙蝠	108	红颊獴	35
草原犬鼠	175	胡狼	142
柴犬	141	蓝鲸	103
长颈鹿	94	狼	104
臭鼬	145	老虎	18
大象	45	猎豹	139
大熊猫	20	鬣狗	30
袋鼠（赤大袋鼠）	22	骆驼	151
非洲水牛	132	旅鼠	138
非洲野犬	143	美洲花鼠	111
海豹（食蟹海豹）	95	美洲野牛	130
海牛	74	普通猕猴	37
海象	147	秦岭羚牛	121
河狸	58	人	176

日本猕猴	167		细尾獴	162
麝牛	77		象海豹	42
狮尾狒	64		小熊猫	129
狮子	125		猩猩	122
食蚁兽	171		雪豹	140
鼠兔	49		亚洲黑熊	29
树袋熊	124		羊（寒羊）	168
树懒	32		野猪	105
薮猫	26		原驼	150
土豚	137		棕熊	28
驼鹿	131		鬃狼	144
犀牛（白犀）	148			

鸟类

与哺乳动物一样，鸟类也属于恒温动物。卵生，会将雏鸟抚育大。鸟卵及雏鸟有许多天敌。

阿德利企鹅	40		华丽琴鸟	120
白颊黑雁	69		加岛环企鹅	61
白头海雕	173		家鸡	23
彩鹬	164		家燕	38
簇海鹦	34		尖嘴地雀	106
大黑雨燕	70		鲸头鹳	169
海鸥	39		蓑羽鹤	67
火烈鸟	107		湍鸭	68

鸵鸟　　166　　　游隼　　80

乌鸫　　47

爬行类

变温动物，不能连续进行激烈的运动。许多种类是肉食性，消耗少所以少量进食也无妨，耐饥饿。

变色龙
（纳米比亚变色龙）　76

棱皮龟　　110

琉球钝头蛇　　101

响尾蛇　　128

眼镜蛇　　96

两栖类

一类具有四肢、生活在水边的水陆两栖性类群。它们的卵与鱼类一样没有外壳保护，不能远离水边。

非洲牛蛙　　60

黑斑侧褶蛙　　24

婆罗洲姬蛙　　85

鱼类

生活在水中。大多数种类每次都能产许多卵，但由于不抚养后代，许多卵常常被其他动物捕食。

淡红墨头鱼（医生鱼）66

斗鱼　　136

蓝鳃太阳鱼　　63

泥鳅　　36

眼斑双锯鱼　　72

银板鱼　　100

无脊椎动物

包括节肢动物、软体动物、棘皮动物等。

白额高脚蛛的同类

（新种巨蟹蛛） 71

彩虹锹甲 161

大帛斑蝶 126

凤蝶 127

龟甲 43

海胆 146

红火蚁 78

黄猄蚁 170

卷甲虫 134

丽金龟 82

蝼蛄 172

蜜蜂 158

沫蝉 73

耐金属贪铜菌 98

皮蠹 112

平流层的细菌 62

切叶蚁 102

窃蠹 50

穹蛛 160

双叉犀金龟

（独角仙） 113

水母

（拟柄突和平水母） 84

水蝇 174

蓑蛾 46

泰坦尼克盐单胞菌 99

藤壶 81

喜蛾 83

虾蛄 25

雪溪石蝇 65

耶气步甲 48

葬甲 165

章鱼 92

版权登记号：01-2019-2726

图书在版编目（CIP）数据

进化失败的动物：全2册 /（日）新宅广二著；Ishidakou绘；张小蜂译.—北京：现代出版社，2020.6

ISBN 978-7-5143-8430-7

Ⅰ.①进… Ⅱ.①新…②I…③张… Ⅲ.①动物-青少年读物
Ⅳ.①Q95-49

中国版本图书馆CIP数据核字（2020）第048789号

进化失败的动物　爆料篇

作　　者　［日］新宅广二
译　　者　张小蜂
责任编辑　王　倩　崔雨薇
封面设计　八　牛
出版发行　现代出版社
通信地址　北京市安定门外安华里504号
邮政编码　100011
电　　话　010-64267325　64245264（传真）
网　　址　www.1980xd.com
电子邮箱　xiandai@vip.sina.com
印　　刷　北京瑞禾彩色印刷有限公司
开　　本　880mm×1230mm　1/32
字　　数　120千
印　　张　12
版　　次　2020年6月第1版　2022年12月第3次印刷
书　　号　ISBN 978-7-5143-8430-7
定　　价　00元（全2册）

191

版权所有，翻印必究；未经许可，不得转载